Python

编程：从入门到实战

高明亮　潘金凤 ◎ 编著

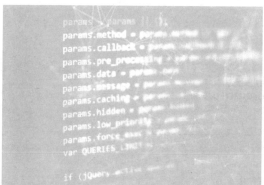

黑龙江科学技术出版社
HEILONGJIANG SCIENCE AND TECHNOLOGY PRESS

图书在版编目（ＣＩＰ）数据

Python 编程：从入门到实战 / 高明亮，潘金凤编著
. -- 哈尔滨：黑龙江科学技术出版社，2023.4
ISBN 978-7-5719-1838-5

Ⅰ．①P··· Ⅱ．①高··· ②潘··· Ⅲ．①软件工具－程序
设计 Ⅳ．① TP311.561

中国国家版本馆 CIP 数据核字 (2023) 第 042303 号

Python 编程：从入门到实战
Python BIANCHENG：CONG RUMEN DAO SHIZHAN

高明亮　潘金凤　编著

责任编辑	刘　杨　沈福威	
排　版	容　安	
出　版	黑龙江科学技术出版社	
	地址：哈尔滨市南岗区公安街 70-2 号　邮编：150007	
	电话：（0451）53642106　传真：（0451）53642143	
	网址：www.lkcbs.cn	
发　行	新华书店	
印　刷	三河市刚利印务有限公司	
开　本	710 mm×1000 mm 1/16	
印　张	18	
字　数	330 千字	
版　次	2023 年 4 月第 1 版	
印　次	2023 年 4 月第 1 次印刷	
书　号	ISBN 978-7-5719-1838-5	
定　价	68.00 元	

前　　言

本书面向编程零基础的初学者，使用 Python 语言讲授编程的概念和解决问题的方法，是非常理想的编程入门教材。

本书通过易于理解的示例、伪代码、流程图和其他工具，讲解设计程序的逻辑，以及解决编程问题的方法，并通过 Python 实现这些程序。

本书的特点是逻辑清晰、简洁、明了，利于初学者理解。书中有丰富而简明实用的示例程序，包括突出特定编程主题的简短程序示例，以及深入解决问题的程序示例。每章均对一个或多个案例进行研究，对具体问题进行分解，并逐步分析，尽可能详尽地为大家讲解解决问题的程序方案。

选择 Python 设计程序，有以下几方面的原因：

（1）Python 是编程语言中较少的开源项目之一，也是目前规模最大、组织最好的编程语言。

（2）Python 不收取费用，而且有翔实的资料。

（3）Python 可以在任何设备上运行。无论是手机还是超级计算机，均可以运行 Python 进行程序设计。

（4）无论是 Windows、Mac OS，还是 Linux 系统，均有 Python 专业级安装程序支持。

（5）Python 有清晰的语法。虽然每种程序语言都称自己语法清晰，但是多伦多大学经过多年的实验发现，学生使用 Python 设计程序时所犯的标点符号错误比使用类 C 语言时所犯的错误少得多。

（6）Python 应用广泛。每天有成千上万家公司以及研究机构使用 Python 进行程序设计和研究。

（7）Python 有很好的工具支持。大多数传统编辑器，如 VI 和 Emacs，都有 Python 的编辑模式，在多个专业级的集成开发工具（如 IDE）中也可使用。

本书为大家提供以下内容：

（1）为大家展示如何开发和使用 Python 程序解决实际问题。文中的示例多数是科学和工程中出现的实际问题，解决这类问题的方案和思路也适用于其他领域。

（2）介绍 Python 的核心特色。Python 是一种编程语言，有大多数编程语言共同的特点。因此，无论大家之后要学习哪种编程语言，这些知识都会使你获益。

（3）介绍编程的思维方式。文中介绍了如何将复杂问题分解为简单问题，如何将这些简单问题的解组合起来，从而创建完整的应用程序。

（4）介绍编程工具。在这些工具中，有的可以帮助大家提高编程效率，有的可以帮助大家解决更大、更复杂的问题。

高明亮　潘金凤

2022 年 9 月 于山东理工大学

目　录

Python 第 1 章

Python 基础入门

1.1　Python 的基本介绍

Python 是一门高级的编程设计语言。Guidovan Rossum 于 1989 年年末发明了 Python，其最初的公开版本发行于 1991 年。与 Perl 语言一样，Python 语言的源代码也遵循通用公共许可证（GPL：GNU General Public License）协议。Python 官方在 2020 年 1 月 1 日宣布，将停止更新 Python2。Python2.7 将成为最后的 Python2.x 版本。

1.1.1　Python 简介

Python 是一种综合了解释、编译、交互和面向对象于一体的高级脚本编程语言。Python 的语法非常简单、易读，语法结构比其他编程语言更具体。

Python 是一种解释型语言，这意味着开发过程中省去了编译环节，这一特点与 PHP 语言有很多相似之处。

Python 是交互式语言：这是指开发者可以在命令行中输入 Python 后直接进入 Python 的交互环境，直接执行相关代码。

Python 是初学者语言：对于初学编程的人而言，Python 是一种非常容易上手的编程语言，支持广泛的应用开发，从简单的文字处理到复杂的游戏开发都可以使用 Python 语言。

Python 是一种面向对象的语言：与 Java 有共同之处，可以将代码分装在对象中，并且具有支持面向对象的编程风格。

1.1.2　Python 的前世今生

在 20 世纪 80 年代末至 90 年代初，Guidovan Rossum 在荷兰国家数学和计算机科学研究院研究设计出 Python，但事实上，Python 是由许多其他开发语言发展而来的，包括 C、C++ 等一系列脚本语言。

目前，Python 由核心开发团队进行维护，Guidovan Rossum 退居幕后，指导后续开发进展，在公司中仍有重要的地位。

1.1.3 Python 的特点

Python 的特点为：代码定义清晰明了、易于学习和维护、标准库丰富、具有可移植性和可拓展性等。

代码定义清晰明了：Python 使用 4 个空格作为代码结构控制单元，代码更加规范、美观。

易于学习：相对于其他编程语言，Python 关键字的数量相对较少，其结构简单、语法定义明确，更加适合编程初学者。

易于维护：Python 的成功之处在于，相对于其他的编程语言，其源代码维护起来更容易、方便。

标准库丰富：Python 非常大的一个优势就是其拥有丰富的标准库及第三方库，可以跨平台兼容 Unix、Windows 以及 Mac OS 系统。

交互模式：Python 支持交互模式，开发者在命令行终端输入想要执行的代码，解释器会直接获取代码的结果，非常方便，可以用于调试代码和交互测试。

可移植性：由于 Python 具有开源特性，这就意味着其能被移植到许多平台上。

扩展性：Python 可以很轻松地调用 C 或者 C++ 语言编写的程序。

数据库：Python 针对各大商业数据库都有完善的接口。

GUI 编程：Python 支持 GUI 创建，可以移植到其他操作系统进行调用。

可嵌入性：Python 可以嵌入 C 或者 C++ 语言中使用，方便用户操作。

1.2 搭建 Python 的开发环境

本节将主要向大家介绍如何在本地电脑上创建 Python 开发环境，并将 Python 应用于包括 Linux 和 Mac OS X 等在内的多个平台，还可以通过输入 Python 命令查询本地计算机系统是否安装了 Python 以及相关版本。

1.2.1 Python 的下载

在 Python 的官网（https://www.python.org/）中，可以查看 Python 的最新源码、相关文档（有 HTML、PDF 以及 PostScript 等格式），以及关于 Python 的新闻咨询

等信息。其中，Python 文档的下载地址为：https：//www.python.org/doc/。

1.2.2　Python 的安装

通过长时间的发展和更新，Python 已经能够适应不同的操作系统和操作平台，我们只需要下载与所用平台对应的安装包，安装即可。

图 1-1 为各个平台安装的说明，对照说明选择适合的平台下载。

图1-1　Python的安装

以下为在不同平台上安装 Python 的方法。

1.Unix&Linux平台

在 Unix 或 Linux 平台上安装 Python：

（1）使用浏览器打开 https：//www.python.org/downloads/source/。

（2）选择需要安装的源码压缩包。

（3）下载压缩包，然后解压，文件 Python-3.x.x.tgz 中的 3.x.x 为 Python 对应的版本号。

以 Python3.9.2 版本为例：

```
#tar -zxvf python-3.9.2.tgz
#cd python-3.9.2
#./configure
#make && make install
```

检查 Python3 是否正常可用：

```
# python -V
Python 3.9.2
```

2.Windows平台

在 Windows 平台安装 Python，其操作步骤也很简单，如图 1-2 所示。

（1）使用浏览器打开 https：//www.python.org/downloads/windows/。

图1-2　版本选择

（2）点击 Download Windows installer，根据电脑系统选择 32-bit（位）或者 64-bit（位），下载完成后打开已经下载好的安装包，进入 Python 安装引导。

（3）安装时使用默认的设置，点击"下一步"完成安装即可（安装时勾选 Add Python 3.9 to PATH），如图 1-3 所示。

图1-3　勾选添加环境变量

（4）安装完成后，使用"Win + R"快捷键，然后输入"cmd"调出命令提示符，输入"python -V"即可查看 Python 当前版本。

3.Mac平台

Mac OS 系统本身带有 Python2.x 版本的编译环境，也可以根据需要在 Python

官网下载相应的版本进行安装。

1.2.3　Python 的环境变量配置

由于创建的 Python 程序和可执行文件存放的目录不在操作系统提供的可执行文件的搜索执行路径中，所以需要我们手动添加执行环境。

操作系统维护命名的字符串——path，path 也被称为路径，存储于操作系统的环境变量中。该变量包含可用于命令行解释器和相关程序的一些信息，最终用于提示操作系统搜索时的路径。

在 Unix & Linux 或者 Windows 中，路径的变量名为 path（Unix & Linux 是区分大小写的，Windows 不区分大小写）。如果在其他目录中引用 Python，那么就需要将 Python 的路径添加到 path 中。

1. 在Unix & Linux中设置环境变量

在 csh shell 输入：

setenv PATH /usr/local/bin/Python:$PATH，按下Enter键。

在 bashshell（Linux）输入：

export PATH="$PATH:/usr/local/bin/Python"，按下Enter键。

在 sh 或者 kshshell 输入：

export PATH="$PATH:/usr/local/bin/Python"，按下Enter键。

注意："/usr/local/bin/Python" 是 Python 的安装目录。

2. 在Windows中设置环境变量

在环境变量中添加 Python 目录：

方法 1：按"Win + R"快捷键，输入"cmd"调出终端，输入"path=%path%C:\Python"，按下 Enter 键。

注意：C:\Python 是 Python 的安装目录。

方法 2：右键单击 Win10 操作系统中的"此电脑"图标，单击"属性"选项，在最下侧的菜单栏单击"高级系统设置"，在系统属性中单击右下角的"环境变量"，找到下方"系统变量"中的"path"变量，双击进入编辑环境变量界面，选择右侧的"新建"按钮，将 Python 的安装路径复制粘贴到该值中，点击确定即可。

右键单击 Win7 操作系统中的"计算机"→"属性"→"高级系统设置"，在"系统变量"窗口下双击选择"路径"，在"路径"行中添加 Python 的安装路径（例如：笔者的安装路径为 d:\python32），路径应添加在冒号后面（注意：路径由分号分隔），完成后即设置成功，在"cmd"命令行输入命令"Python"将会显示相关信息，如图 1-4。

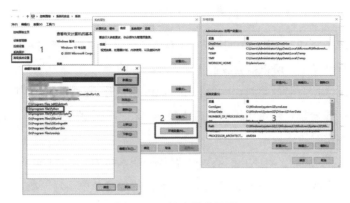

图1-4 环境变量的配置

1.2.4 运行 Python

Python 的运行方式主要有交互式解释器、命令行脚本以及集成开发环境三种。

1.交互式解释器

通过"Win + R"快捷键进入运行界面，输入"cmd"，点击确定调出终端，在终端中输入 Python 即可进入交互式解释器，在交互式解释器中直接编写 Python 代码并运行。

Python 命令行参数如表 1-1 所示。

表1-1 Python命令行参数

选项	描述
-d	显示调试信息
-O	生成优化代码（.pyo文件）
-S	启动时不引入查找Python路径的位置
-V	Python版本号
-X	从1.6版本后只基于内建的异常（仅仅用于字符串），已取消
-c cmd	执行Python脚本，并将得到的结果作为cmd的字符串返回
file	在给定的Python文件执行Python脚本

2.命令行脚本

通过在应用程序中引入解释器，在命令行执行 Python 脚本，如：

```
#Unix/Linux
```

```
$python script.py
#Windows/DOS
C:python script.py
```

注意：在执行脚本时，请检查脚本是否有可执行权限。

3.集成开发环境（IDE: Integrated Development Environment）：PyCharm

PyCharm 是由 JetBrains 打造的一款 Python IDE，支持 Mac OS、Windows、Linux 系统，具有调试、语法高亮、代码跳转、项目管理、代码自动补全、单元测试、智能提示、版本控制等功能，如图 1-5 所示。

PyCharm 下载地址：https://www.jetbrains.com/pycharm/download/

PyCharm 安装地址：http://www.runoob.com/w3cnote/pycharm-windows-install.html

图1-5　下载PyCharm

通过前面两个小节的学习，我们了解了 Python 的"前世今生"以及它的特点，并学习了一些基础知识。介绍了如何下载、安装和运行 Python。那么，下一个章节我们将真正进入 Python 语言的学习。

习　题

1.Python 语言有哪些特点？

2. 如何下载安装 Python ？

3. 如何为 Python 配置环境？

第 2 章

Python 语言基础

2.1 Python 的基本语法和特点

2.1.1 Python 的基本语法结构

1. 行和缩进

Python 语言是靠空格缩进控制代码的语言。在 Python 语言中，逻辑行初始位置的空白有语法规定，如果程序中空格的格式不对，在执行时解释器就会发生 bug（这一点是 Python 和其他语言的区别）。一般情况下，代码行没有空格（if、while、for 流程控制语句后面的代码块必须有缩进）。

程序缩进的方法有两种，可以使用空格，也可以使用 Tab 键（一般在 IDE 会自动缩进），不过初学者可能不适应或者不习惯使用缩进控制。

Python 语言与其他语言最大的区别是：Python 的代码块不使用大括号（{}）来控制函数、逻辑判断以及类。Python 最具特色的一点，是用缩进来控制模块。

2. 空行

在 Python 的函数之间或者类方法之间使用空行来分隔，表示一段新代码的开始。类和函数入口之间也用空行分隔，用来突出函数入口的开始。

空行和代码缩进控制不同，空行不是 Python 中的语法，所以写 Python 语言时不插入空行，解释器在运行时也不会出现异常（bug）。空行主要是为了分隔两段不同功能或者当前没有任何含义的代码，以方便后续的维护或更新。当然，空行也是程序代码的一部分。

3. 标识符

在 Python 语言中，标识符由数字、字母（区分大小写）、下划线组成，需要注意：标识符不能以数字开头。

以下划线开头的标识符具有特殊意义。例如：以单下划线开头的，如 _foo，是用户不能直接访问的类属性，需要通过类提供的接口进行访问，也不能用"from ××× import *"导入。以双下划线开头的，如 __foo，表示类中的私有成员；以双下划线开头和结尾的，如 __foo__，是 Python 语言里一些特殊方法专用的标识。__init__() 代表的是类的构造函数。

4. 引号

在 Python 语言中，可以使用单引号（' '）、双引号（" "）、三单引号（''' '''）或三双引号（""" """）表示字符串，需要注意：开始和结束的引号必须是相同的类型。

其中，三引号可以由多行组成，用来编写多行文本的快捷语法，常被用在文档字符串中。在文件的特定地点，三引号常被用作注释。

5. 多行语句

在 Python 语言中，一般以新行作为语句的结束符。使用反斜杠（\）可以将一行语句分为多行显示，语句中包含 []、{} 或 () 的，无须使用多行连接符。例如：

```
#list元素可以多行书写
months=['January','February','March','April','May',
        'June','July','August','September',
        'October','November','December']
#字符串太长也可以通过()多行书写
#这个特性在写很长的字符串（如SQL语句）时很有用
sql=('select id,name,age,height from''students where id>100')
```

6. 同一行显示多条语句

在 Python 语言中，可以使用分号（;）将语句分隔，使同一行中的多条语句互不影响。

7. 注释

无论哪一种编程语言，都有自己的注释语句。所谓注释语句，是指编译器进行编译时自动忽略的语句，不会执行相关的代码。虽然增加了代码量，但这样更方便阅读，增强了代码的可读性。在 Python 语言中，定义了三种注释语句，分别是单行注释、多行注释和中文编码声明注释。

（1）单行注释

所谓的单行注释，是将本行的代码进行注释。Python 使用"#"作为单行注释的注释符，"#"右侧的所有字符都是注释的内容。

```
>>>#这是Python注释
>>>print('hello world')
>>>hello world
```

（2）多行注释

Python 语言中的多行注释使用三单引号（''' '''）或三双引号（""" """），一对三单引号或三双引号之间的内容就是注释的内容。

8. 中文编码

Python2.x 中默认的编码格式是 ASCII 格式，所以解释器在读取中文时会出现 bug。解决方法为：在文件的开头加入"# -*-coding:UTF-8-*-"或者"#coding=utf-8"。

注意："#coding=utf-8"的等号两边不能留空格。

Python3.x 源码文件中默认使用 utf-8 编码，所以解释器可以正常读取中文，无须指定 utf-8 编码。

注意：如果使用记事本编辑语句，需要设置".py"文件存储的格式为 utf-8，否则会出现 bug。

9. 多个变量赋值

Python 允许同时为多个变量赋值，例如：a=b=c=1，创建一个整型对象，值为 1，三个变量被分配到相同的内存空间中。也可以为多个对象指定多个变量，例如 a,b,c=1,2,"join"，两个整型对象 1 和 2 分配给变量 a 和 b，字符串对象"join"分配给变量 c。

2.1.2　Python 中的变量

1. 变量的概念

在 Python 语言中，"变量"只有在系统中第一次出现的时候才是"定义变量"，再次出现时，就不再是定义变量了，而是直接使用之前所定义的变量。

变量命名具有一定的规范性，创建变量名，可以使用字母、数字、下划线。需要注意的是，变量名不能以数字开头，如 n1 是合法的，1n 则不合法。除此之外，Python 系统中提供的关键字和除了下划线之外的其他内置函数均不能用来创建变量名。另外，Python 这门语言的变量名是区分大小写的。

在 Python 编程中，最常用的变量命名方法是"驼峰式命名法"，其规则是："大驼峰"，即变量名中每个单词的首字母全都用大写，如：MyName、YourName；"小驼峰"，即变量名中的第一个单词的首字母小写，后续单词的首字母都大写，如：myName、yourName。

Python 在使用变量前必须对变量进行赋值，为变量赋值后，该变量才会被解释器创建，"等号"（=）这一操作符就是用来给变量赋值的，等号的左边是变量名，右边是对该变量所赋的值，形式为"变量名 = 值"，变量被创建后就可以在后续程序中使用了。

2. 变量的命名规则

给变量命名时，必须遵循以下规则：

（1）不能使用 Python 中的关键字作为变量名。

（2）变量名之间不能有空格。

（3）第一个字符只能是 a~z、A~Z 的字母或者下划线（_）。

（4）第一个字符的后面可以是 a~z、A~Z、0~9 的数字或下划线。

（5）字母是严格区分大小写的，这就意味着 hello 和 HELLO 是两个不同的变量名。

除了上面的变量命名规则外，在命名变量时应该选择能够表达变量用途的变量名。例如：温度的变量命名为 temperature，速度的变量命名为 speed。当然，也可以随意给变量起名为 x 或 a，但这样的变量名并不能清楚地表示变量的含义。

由于变量名需要反映变量的用途，所以通常采用词组组成的变量名。如下面的变量名：

```
productiondate      表示生产日期
payrate             表示支付价格
grosspay            表示总薪水
```

这三个变量名因为单词之间没有分隔，不易阅读，又因变量名中不能含有空格，所以有了下面这两种能够分隔多个单词的方法。

方法一：使用下划线分隔

```
production_date
pay_rate
gross_pay
```

这是 Python 语言中十分流行的一种方法，本书也使用这种方法对单词进行分隔。

方法二：驼峰式命名法

（1）变量名以小写字母开头。

（2）后续单词的首字母都必须用大写。

例如：

```
productionDate
payRate
grossPay
```

表 2-1 举例说明了 Python 语言中合法和非法的变量名。

表2-1　合法和非法的变量名

变量名	合法还是非法
hello_world	合法
Daytime	合法
3Dgraph	非法，首字母不能是数字
YANG2001	合法
Mixture*3	非法，变量名中只能包含字母、数字或者下划线

3. 变量的类型

在定义变量时，系统内存中会创建一个变量，包括变量的名称、变量的值、变量存储数据的类型以及变量的地址，且不需要指定变量的类型。但在其他很多高级编程语言中，需要提前定义变量的类型。

Python 变量的数据类型可以分为数字型和非数字型。数字型数据类型包括：整型（int）、浮点型（float）、布尔型（bool）等；非数字型数据类型包括：字符串（string）、列表（list）、元组（tuple）、字典（dictionary）等。

可以在交互对话框中用 type() 函数查看当前变量的类型。在使用交互式终端时，也可以用该函数确定当前变量的准确类型。

在 Python 编程中，不同数据类型之间的计算也有规则，数字变量之间可以直接进行算术运算。如果变量是布尔类型（bool），在计算时，True 对应的数字是 1，False 对应的数字是 0；在字符串变量之间，使用加号（+）对字符串进行拼接操作。

4. 创建变量

在 Python 语言中，可以使用赋值语句创建变量，并使其引用一个数据，下面是操作实例：

```
age=18
```

执行这个语句后，创建了名为 age 的变量，并引用了数值 18。图 2-1 解释了这个过程，其中数值 18 被计算机存储在某个位置，从 age 出发指向 18 的箭头表示变量名 age 引用了这个数值。

age ⟶ 18

图2-1　变量age引用数值18

在 Python 语言中，赋值语句的语法为：

```
variable=expression
```

赋值语句中，等号（=）操作符被称为赋值运算符号。其中，variable 是变量名，expression 是一个值，也可以是表达式。赋值语句执行后，等号左边的变量将引用等号右边的值。

可以在 Python 的 IDLE 交互模式中执行以下赋值语句：

```
>>> length=15
>>> width=10
```

注意："">>>"" 为交互符号，Python 语言中没有该符号。

该代码中，变量 length 引用了 15，变量 width 引用了 10，接下来可以使用输出函数 print() 将结果输出：

```
>>> print(length)
15
>>> print(width)
10
```

当把变量作为一个参数传给 print() 函数时，需要注意的是，括号里面的变量千万不能加引号，如果加了引号，则会产生如下的结果：

```
>>> print('width')
width
```

从上面的代码中可以看出，输出的结果变成了"width"，那么问题来了，为什么会输出这个结果呢？事实上，最后输出的 width 并不是变量 width，而是字符串 width，字符串是由引号包括的一串字符。所以，在使用程序语言时，我们需要区分输出的是变量还是字符串，使用准确的符号。

需要特别注意的是，在赋值语句中，不能出现左边是表达式，右边是变量名的情况。可以参看下面这个例子：

```
>>> 'Tom'=name
SyntaxError: cannot assign to literal
```

在上面的代码中，等号左边是我们引用的字符串，等号右边是变量，导致 Python 解释器无法识别，程序运行错误。

下面这个例子展示了创建变量并将变量输出。

程序 2-1　var_demo1.py

```
#创建一个变量
name='Jack'  #创建变量
print("我的名字是:")  #输出字符串"我的名字是:"
print(name)  #输出变量name
程序输出
我的名字是:
Jack
```

程序 2-2　var_demo2.py

```
#创建两个变量：边长和面积
width=5
area=width*width #赋值运算，数值引用了width的平方
#输出两个变量的值
print("正方形的边长:")
print(width)
print("正方形的面积:")
print(area)
```
程序输出
```
正方形的边长:
5
正方形的面积:
25
```

程序 2-2 的执行过程如图 2-2 所示。

图2-2　两个变量

5. 变量的再赋值

　　变量之所以被称为"变量"，是因为在程序执行的过程中，变量可以引用不同的数值。在变量被赋予数值后，便会一直引用该数值直到再次被赋予新的数值。

　　请看程序 2-3，第二行创建了 age 变量并引用了数值 18，在第五行 age 变量引用了数值 19。在 Python 中，虽然数值 18 保存在计算机的存储器中，但是因为后面的程序引用了其他数值，所以之前引用的值也就不能再被引用。当存储器里面的数据不再被变量引用时，Python 的解释器将通过垃圾收集机制将其移除。

程序 2-3　var_demo3.py

```
#创建一个age变量
age=18
print("他去年的年龄是:",18,"岁")
#age变量引用新的值
age=19
print("他今年的年龄是:",age,"岁")
```
程序输出
```
他去年的年龄是: 18岁
他今年的年龄是: 19岁
```

2.2　基本的数据类型

在 Python 语言中，数据类型是一个非常重要的概念，变量可以存储不同类型的数据，不同类型的数据可以执行不同的操作。Python 语言中一共有六种数据类型，分别是数字（number）、字符串（string）、元组（tuple）、列表（list）、集合（set）和字典（dictionary）。

前三种数据类型是不可变的数据类型。不可变的数据类型就是在该数据第一次赋值声明后，将会在系统内存中开辟一块独有空间，用来存放当前被变量引用的值，但该变量实际上存储的并不是被引用的值，而是变量引用这个值所在空间的内存地址。Python 解释器可以通过该内存地址，在内存中准确地找到该变量并获取数据。

不可变的数据是指用户无法改变该数据所引用的值，如果我们需要改变变量的赋值，需要在内存空间中重新开辟一块空间，用以存放这个新的数据，原来的变量将不再引用原数据中的内存地址，而是引用新变量的内存地址。我们可以使用 type() 函数查询变量的数据类型。

在 Python 语言的六种标准数据类型中：

（1）不可变的数据（三种）：数字（number）、字符串（string）、元组（tuple）；

（2）可变的数据（三种）：列表（list）、字典（dictionary）、集合（set）。

2.2.1　数字（number）类型

数字类型包括整型（int）、浮点型（float）、布尔型（bool）、复数型（complex）四种基本类型，由此衍生出来的还有类型转换函数如 int()、float() 等。数字可以进行加（+）、减（−）、乘（*）、除（/ 或 //）、求余（%）和幂次方（**）的算术运算。需要注意的是，除法运算中，"/"做除法时，结果一定是浮点数；"//"做除法时，只保留商的整数部分，去掉小数部分。

Python 3.x 和绝大多数语言一样，支持 int、float、bool、complex（复数）函数。数字类型的赋值和运算都是很直观的，可以采用 type() 查看变量所指的对象类型。

程序 2-4　type_demo1.py

```
#创建数字变量并输出变量的类型
a,b,c,d=10,5.5,True,3+4j #逗号分隔符创建多个变量
print("变量a的类型为:",type(a))
print("变量b的类型为:",type(b))
print("变量c的类型为:",type(c))
print("变量d的类型为:",type(d))
程序输出
变量a的类型为: <class 'int'>
```

```
变量b的类型为: <class 'float'>
变量c的类型为: <class 'bool'>
变量d的类型为: <class 'complex'>
```

在上述程序中，使用逗号分隔符同时创建多个变量。这里需要注意的是，左边的每一个变量名都应该与右边的数值或者表达式一一对应，否则程序会报错。其中 a 为整型（int），b 为浮点型（float），c 为布尔型（bool），d 为复数型（complex）。另外，还可以使用 Python 的内置函数 isinstance() 来判断。使用方法如下：

```
isinstance(变量,类型或者类)
```

如：

```
>>> a=123
>>> isinstance(a,int)
True
```

如果 a 是 int（整型），则返回结果 True，否则返回 False。

Type() 和 isinstance() 的区别在于：

（1）type() 不会把子类当作父类的类型。

（2）isinstance() 会把子类当作父类的类型。

注意：这里提到的子类与父类可以理解为"父子"关系，是一种继承关系。本章只需要了解两个函数的用法即可，子类与父类的继承关系会在面向对象程序设计过程中进行详细讲解。

数字类型实例如表 2-2 所示。

表2-2　数字类型实例

int	float	complex
10	0.5	3j
1000	6.66	45.j
−100	−2.0	6.33e−36j
011	32.3e+18	.89j
−042	−90.0	−.441+0j
−0x260（十六进制）	−21.12e100	3e+11
0o42（八进制）	10.3E−12	4.53e−7j

Python 语言还支持复数运算，复数是由实部和虚部两个部分构成的，可以用 a+bj 或函数 complex(a,b) 表示。复数的实部 a 和虚部 b 都是浮点型。

2.2.2 字符串（string）类型

在 Python 编程中，需要使用单引号（' '）或者双引号（" "）将字符串括起来，三引号代表注释，也可以使用反斜杠（\）转义特殊字符。

程序 2-5   type_demo2.py

```
#创建两个字符串，并将它们拼接输出
string1='Hello'              #使用单引号创建字符串
string2="World"              #使用双引号创建字符串
print(string1+" "+string2)   #将字符串拼接输出
程序输出
Hello World
```

在上面的程序中，创建了两个字符串变量，并让它们在控制台拼接输出。字符串的拼接使用"+"。需要注意的是，在 print() 函数中，有 " " 这样的字符串。字符串中没有任何数据，只含有空格，该字符串表示空格字符串，在控制输出时有重要的作用。

也可以对字符串进行索引和截取的操作，前者检索指定位置的字符串对应的值，后者则将指定区域的字符串截取出来生成新的字符串。

图 2-3 介绍了字符串的索引和截取操作的原理，这里需要注意的是，索引数值必须在字符串的长度范围内，否则会导致程序出错。

图2-3   字符串的索引和截取操作的原理

程序 2-6   type_demo3.py

```
#创建一个字符串，并对该字符串进行索引和截取的操作
str="Hello World"
print(str)           #输出原字符串
print(str[0])        #输出字符串第一个元素
print(str[-1])       #输出字符串倒数第一个元素
print(str[5])        #输出字符串第六个元素
print(str[0:-3])     #输出第一个到倒数第三个元素之前的所有元素
```

```
print(str[1:])          #输出第二个元素及以后的所有元素
print(str[:4])          #输出从第一个元素直到第四个元素
print(str+" Python")    #拼接字符串
print(len(str))         #输出字符串的长度
print(2*str)            #输出字符串两次
程序输出
Hello World
H
d

Hello Wo
ello World
Hell
Hello World Python
11
Hello WorldHello World
```

上述程序展示了字符串的索引和拼接操作，需要注意的是，截取和拼接时一定要弄清楚字符串的长度，避免索引越界。还有很多字符串的索引和截取操作，大家可以根据上述代码进行尝试，后续还会详细介绍字符串的具体操作。

字符串的基本操作包括：索引、切片、乘法、成员资格检查、长度、比较、查找。

字符串中的转义字符起着不同的作用，如 \n 是换行输出。表 2-3 为 Python 语言中的转义字符以及对应的 ASCII 值。

表2-3　转义字符以及对应的ASCII值

转义字符	意义	ASCII值（十进制）
\a	响铃（BEL）	007
\b	退格（BS），当前位置移到前一列	008
\f	换页（FF），当前位置移到下页开头	012
\n	换行（LF），将当前位置移到下一行开头	010
\r	回车（CR），将当前位置移到本行开头	013
\t	水平制表符（HT），跳到下一个TAB位置	009
\v	垂直制表符	011
\\	代表一个反斜线字符"\"	092
\'	代表一个单引号字符	039
\"	代表一个双引号字符	034
\?	代表一个问号	063
\0	空字符（NULL）	000

续表

转义字符	意义	ASCII值（十进制）
\ddd	1到3位八进制数代表的任意字符	3位八进制
\xhh	十六进制所代表的任意字符	十六进制

与 C 语言字符串不同的是，Python 语言中的字符串是无法被修改的。向一个索引位置赋值，比如"word[0]='m' python"，解释器会弹出异常（异常说明程序出错，也就是我们常说的 bug）。

注意：

（1）反斜杠可以用来转义，使用 r 可以停止反斜杠的转义操作。

（2）字符串可以用运算符"+"连接，用运算符"*"进行重复拼接操作。

（3）Python 编程中的字符串不能改变。

（4）Python 编程中的字符串有两种索引方式，从左往右以 0 开始，从右往左以 −1 开始。

程序 2-7　type_demo4.py

```
#常见转义字符的使用
str="Python零基础学习"

print(str+"\n")
print("\t"+str)
print(" \' ")   #输出单引号
print("\\")     #输出左斜杠
```

程序输出
```
Python零基础学习

    Python零基础学习
'
\
```

上述程序中，定义了字符串并在输出语句中使用转义字符 \n 实现了换行。需要注意的是，在 Python 语言中，字符串中的单引号和双引号是无法直接输出的，需要借助转义字符输出。

2.2.3　列表（list）类型

列表（list）是 Python 语言中使用相当频繁的数据类型，大多数集合类的数据类型都可以通过列表来实现。

列表中的元素包含数字、字符串，甚至包含列表，各个元素之间需要用逗号分隔开。这些元素的数据类型可以是相同的，也可以是不同的，且列表中的各个元素是可以改变的。

和字符串一样，列表可以被索引和截取，被截取后将会返回一个截取元素的新列表。

列表截取的语法格式如下：

变量[头下标:尾下标]

图 2-4 展示了列表索引的原理。

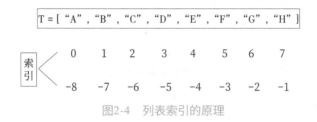

图2-4 列表索引的原理

在列表的操作中，多个列表相加可以合并成一个列表，in 操作符可以用来判断一个元素是否存在于列表中。当然，用户也可以对列表进行添加、删除、修改等操作。

append() 函数可以将一个数据对象添加到列表的尾部；extend() 函数可以将列表添加到列表；pop() 函数可以从列表中删除一个数据对象——没有给该函数添加索引时将会默认删除最后一个元素，并返回该数据对象；remove() 函数用于删除第一个为指定值的数据对象；reverse() 函数将按相反的顺序排列列表中的数据对象；sort() 函数对列表中的数据对象进行排序。

程序 2-8 type_demo5.py

```
list1=['abcdef',666,0,'python',3+5j] #创建列表，列表中每个元素的数据类型都不同
print(list1)              #输出完整列表
print(list1[0])           #输出列表第一个元素
print(list1[0:3])         #从第一个元素开始输出到第三个元素
print(list1[1:])          #输出从第二个元素开始的所有元素
print(list1*2)            #输出两次列表
print(len(list1))         #输出列表的长度
程序输出
['abcdef',666,0,'python',3+5j]
abcdef
['abcdef',666,0]
[666,0,'python',3+5j]
['abcdef',666,0,'python',(3+5j),'abcdef',666,0,'python',(3+5j)]
5
```

从该程序中可以看出，列表的索引、截取和字符串的操作方式基本相同。同样

需要注意的是，列表索引和截取时的范围应该在列表长度内，否则会发生索引越界异常。

list 内置有很多方法，如 append()、pop() 等，后面会讲。

注意：

（1）数据写在方括号之间，元素用逗号隔开。

（2）和字符串一样，list 可以被索引和切片。

（3）list 可以使用加号操作符进行拼接。

（4）list 中的元素是可以改变的。

2.2.4　元组（tuple）类型

元组（tuple）使用小括号将各个数据项包裹起来，与列表的唯一区别是元素不能修改。

程序 2-9　type_demo6.py

```
#创建两个元组
tuple1=("python",123,-3,'Jack',2+3j)
tuple2=(456,'Tom')

print(tuple1)           #输出完整的元组
print(tuple1[0])        #输出元组的第一个元素
print(tuple1[1:4])      #输出从第二个元素开始到第四个元素
print(tuple1[2:])       #输出从第三个元素开始的所有元素
print(tuple1+tuple2)    #连接元组
print(len(tuple1))      #输出元组的长度
程序输出
('python', 123, -3, 'Jack', (2+3j))
python
(123, -3, 'Jack')
(-3, 'Jack', (2+3j))
('python', 123, -3, 'Jack', (2+3j), 456, 'Tom')
5
```

该程序创建了两个不同的元组，并对元组进行索引和截取的操作，数组中很多内置函数在元组也能使用，但需要注意的是，元组无法被修改，所以元组中没有修改元组数据的方法。在对元组进行索引和截取的过程中，也需要注意索引范围的问题。

在 Python 六大数据类型中，元组和列表都是有序的序列，集合是无序的。

如何理解列表和元组都是有序的序列，而集合是无序的序列？简单来说就是元组和列表定义元素的顺序和输出是一样的，但集合不是。

列表、字符串和元组都属于有序序列（sequence）。

注意：

（1）元组的元素与字符串一样，不能修改。

（2）元组也可以被索引和切片。

（3）注意构造包含 0 个或 1 个元素的元组的特殊语法规则。

（4）元组也可以使用加号操作符进行拼接。

2.2.5 集合（set）类型

集合（set）是由一些互不相同的数据对象组成的数据类型，构成集合的元素或数据对象都是集合的成员。

集合的基本功能：对成员进行关系测试、删除重复元素，可以使用大括号或者 set() 函数创建集合。需要注意的是，创建一个空集合必须用 set() 而不是大括号，因为大括号创建的是空字典。

创建格式为：

```
parame={value01,value02,...}或者set(value)
```

程序 2-10 type_demo7.py

```python
#使用 "{}" ，创建一个集合
sites={"Hello",'World','python','Jack','python'}
print(sites)   #输出集合时重复的元素会被自动去除
#成员检测
if "Hello" in sites:
    print("Hello在集合中")
else:
    print("Hello不在集合中")

#set可以进行集合操作运算
a=set("abcdefghijk")
b=set("aejnidhjch")
print(a)        #输出集合a
print(a-b)      #求a和b的差集
print(a|b)      #求a和b的并集
print(a&b)      #求a和b的交集
print(a^b)      #求a和b中不同时存在的元素
程序输出
{'World', 'python', 'Jack', 'Hello'}
Hello在集合中
{'d', 'i', 'a', 'k', 'h', 'c', 'b', 'f', 'j', 'g', 'e'}
{'k', 'g', 'f', 'b'}
{'d', 'i', 'a', 'k', 'j', 'f', 'n', 'e', 'h', 'c', 'b', 'g'}
```

```
{'d', 'i', 'a', 'j', 'h', 'c', 'e'}
{'k', 'n', 'b', 'f', 'g'}
```

上述程序介绍了两种创建集合的方式，以及对集合求并集、交集、差集的相关操作，并在此基础上加了判断语句（后面会详细介绍）。

2.2.6 字典（dictionary）类型

字典（dictionary）数据类型类似于网页数据存储的 JSON，字典中的每个元素以"键值对"形式存储，是一种无序的集合。

字典是一个可以变化的容器模型，可以存储各种不同的数据对象，也可以通过引用键值对进行访问。键值对中的键是唯一且无法被改变的，也就是说，键名必须是数字、字符串、元组三种类型中的某一种，但值可以是任意类型。字典使用大括号（{}）表示键值对，中间使用冒号，创建空字典时可以使用大括号。

字典是一种映射类型，字典用"{ }"表示，它是一个无序的键（key）和值（value）的集合。

需要注意以下两点：

（1）键（key）必须使用不可变类型。

（2）同一个字典中，键（key）必须是唯一的。

程序 2-11   type_demo8.py

```
#创建一个字典
mydict={'name': 'Jack','age':18,'identity':'student'}
print(mydict['name'])  #输出键为name的值
print(mydict['age'])   #输出键为age的值
print(mydict)          #输出完整的字典
print(mydict.keys())   #输出所有键
print(mydict.values()) #输出所有值
程序输出
Jack
18
{'name': 'Jack', 'age':18, 'identity':'student'}
dict_keys(['name', 'age', 'identity'])
dict_values(['Jack', 18, 'student'])
```

该程序先创建了一个字典并对字典进行了初始化（为字典赋值）操作，然后在控制台输出了字典，并对数组进行了索引操作。这里需要注意的是，字典是无序的，所以无法用数字索引字典的键值对。其中，keys() 和 values() 为字典特有的内置函数，分别用来获取字典的所有键和所有值。后面章节会着重介绍字典的使用方法。

另外，字典类型也有一些内置函数，例如 clear()，pop()，get() 等。

注意：

（1）字典是一种映射类型，它的元素是键值对。

（2）字典的关键字必须为不可变类型，且不能重复。

（3）创建空字典应使用 "{ }"。

2.2.7　Python 数据类型的转换

有时候，我们需要转换数据内置的类型，转换时，只需要将数据类型作为函数名即可。

以下几个内置的函数（见表 2-4）可以进行数据类型之间的转换。这些函数返回一个新的对象，表示转换的值。

表2-4　数据类型转换函数

函数	描述
int(x[,base])	将x转换为一个整数，base为进制数
float(x)	将x转换为一个浮点数
complex(real[,image])	创建一个复数（real表示实部，image表示虚部）
str(x)	将x转换为字符串
repr(x)	将x转换为表达式字符串
tuple(s)	将序列s转换为一个元组
list(s)	将序列s转换为一个列表
set(s)	将序列s转换为可变集合
dict(d)	创建一个字典，d必须是一个(key,value)的元组序列
frozenset(s)	转换为不可变集合
chr(x)	将一个整数转换为一个字符
ord(x)_	将一个字符转换为它的整数值
hex(x)	将整数转换为一个十六进制字符串
oct(x)	将整数转换为一个八进制字符串
bin(x)	将整数转换为一个二进制字符串
eval(str)	计算字符串中的有效表达式，并返回一个对象

程序 2-12　type_demo9.py

```
#数据转换函数的运用
a=1                    #创建一个整数变量
```

```
print(a)                  #输出a
print(float(a))           #将a转换为浮点数
print(str(a))             #将a转换为字符串

list1=[x for x in range(0,10)]#使用列表推导式创建一个数组
print(list1)              #输出数组a
print(set(list1))         #将数组转换为集合
print(tuple(list1))       #将数组转换为元组

dict1=dict([('name', 'Jack'), ('age', 18), ('id', '001')])
print(dict1)              #输出字典
num=20
print(hex(num))           #num转换为十六进制
print(oct(num))           #num转换为八进制
print(bin(num))           #num转换为二进制
程序输出
1
1.0
1
[0, 1, 2, 3, 4, 5, 6, 7, 8, 9]
{0, 1, 2, 3, 4, 5, 6, 7, 8, 9}
(0, 1, 2, 3, 4, 5, 6, 7, 8, 9)
{'name': 'Jack', 'age': 18, 'id': '001'}
0x14
0o24
0b10100
```

该程序介绍了大部分数据转换的过程，大家可以自行尝试其他数值的转换。

2.3   Python 的基本输入和基本输出

2.3.1   基本输入——input() 函数

在我们编程的过程中，经常需要手动输入一些数据，程序才能正常运行，此时就会用到 input() 函数。

input() 函数的功能是将用户在控制台输入的数据以字符串的形式返回给程序。

格式如下：

```
variable=input(prompt)
```

格式中的 prompt 是一个显示在控制台的字符串，它的作用是提示用户输入数据，variable 会引用用户从控制台输入的数据的变量名。下面是一个使用 input() 函数读

取输入数据的例子：

```
name=input("请输入你的姓名:")
```

该程序执行的过程：

（1）控制台屏幕上会显示提示字符串：请输入你的姓名。

（2）程序暂停，等待用户输入，用户通过回车（Enter）键结束输入。

（3）按下回车键后，用户输入的数据会以字符串的形式返回并赋值给变量 name。

下面的交互式运行演示了上述过程：

```
>>> name=input("请输入你的姓名:")
请输入你的姓名:Jack
>>> print(name)
Jack
```

当执行第一条语句后，控制台会提示：请输入你的姓名，然后等待用户输入。当用户输入 "Jack" 并按下回车键时，字符串 "Jack" 被赋给变量 name。所以，执行 print(name) 语句就会输出 name 的值。

程序 2-13　input_demo1.py

```
#输入你的姓名
name=input("请输入你的姓名:")
#输入你的年龄
age=input("请输入你的年龄:")
print("我是"+name+",今年"+age+"岁")
```
控制台输入
```
请输入你的姓名: Jack
请输入你的年龄:18
```
程序输出
```
我是Jack,今年18岁
```

在该程序中，分两次在控制台分别输入姓名和年龄，并通过 print() 函数将两个变量拼接，然后输出到控制台。

input() 函数将用户输入的数据返回为字符串，有时我们可能需要的不是字符串而是其他的数据，这时，我们就需要采取其他的方式将返回的字符串转换为我们需要的数据类型。如需要整型的数据，我们可以用 int() 函数将返回的数据转换为整数类型。

程序 2-14　input_demo2.py

```
#用户在控制台输入长方形的长度和宽度，并计算其面积
length=int(input('输入长方形的长度:')) #输入长度
width=int(input('输入长方形的宽度:')) #输入宽度
```

```
area=length*width #计算长方形的面积
print("长方形的面积为:",area)
```
控制台输入
输入长方形的长度:10
输入长方形的宽度:5
程序输出
长方形的面积为:50

上述程序中，在控制台输入长度和宽度，由于 input() 函数的返回值为字符串，因此采用 int() 函数将返回的数据转换为整数类型，然后计算长方形的面积并在控制台输出。

这里需要注意的是，int() 函数只能转换整数类型的字符串，如果字符串中有非整数类型，程序就会出现异常。例如：

```
>>> width=int(input("输入宽度"))
输入宽度1.5
Traceback (most recent call last):
  File "<pyshell#2>", line 1, in <module>
    width=int(input("输入宽度"))
ValueError: invalid literal for int() with base 10: '1.5'
```

Python 解释器在运行这段代码时出现异常，上述程序中我们输入的宽度为 1.5，但是 int() 函数无法将这个字符串转换为整数类型。如果确实需要将它转换为整数类型，可以先使用"float(input())"将数据转换为浮点数类型，然后使用 int() 函数转换为整数类型。

程序修改后如下：

```
>>> width=int(float(input("输入宽度")))
输入宽度1.5
>>> print(width)
1
```

注意：int() 函数会将浮点数转换为整数类型，大小为整数部分。

2.3.2 输出——print() 函数

在编程中，系统会将错误信息或者程序运行的结果使用 print() 函数输出到控制台，方便我们查看错误，判断程序是否出错，其基本格式为：

```
print([obj1, ...][, sep=' '][, end='\n'][, file=sys.stdout])
```

"[]"表示可以省略的参数，即全部都可以省略，同时后三个参数省略表示使用上述的默认值（等号指定的默认值）。

sep 表示分隔符，即第一个参数中"obj1,obj2,..."之间的分隔符，默认为空；

end 表示结尾符，即句末的结尾符，默认为 "'\n'"；file 表示输出位置，即输出到文件还是命令行，默认为 sys.stdout，即命令行（终端）；print() 输出空行，即使用默认的结尾符，默认为 "'\n'"，默认的输出文件为标准输出文件。

有时，我们不仅要把数据输出到控制台，还需要对数据的格式进行操作。

print() 函数的基本功能是在控制台显示数据，如以下的三条语句将输出三行字符：

```
print("Hello")
print("World")
print("Python")
```

每条语句都会显示字符串，然后打印一个换行符，但这些操作我们是看不见的。打印换行符后会将输出位置移动到下一行的起始位置。

当然，有时我们并不希望打印换行符，那么，可以直接在 print() 函数中添加参数 end=" "。例如：

```
print("Hello",end=" ")
print("World",end=" ")
print("Python",end=" ")
```
程序输出
```
Hello World Python
```

需要注意的是，将参数 end=" " 传递给 print() 函数，该参数指定 print() 函数在输出结束后打印一个空格而不是一个换行符。

如果将多个数据传给 print() 函数，那么，在显示数据时会自动在参数之间插入一个空格。例如：

```
>>> print("Hello","World","Python")
Hello World Python
```

如果不希望出现空格，可以给 print() 函数传入一个参数 sep=""，例如：

```
>>> print("Hello","World","Python",sep="")
HelloWorldPython
```

当然，也可以在 sep 参数中传递任意字符串，例如：

```
>>> print("Hello","World","Python",sep="#@")
Hello#@World#@Python
```

注意：这种在控制台输出数据的方式会输出很多浮点数，非常影响观察数据。

程序 2-15　print_demo1.py

```
#输入商品总价和商品的数量，计算商品的单价
all_money=int(input("输入总价:"))
number=int(input("输入商品的数量:"))
```

```
price=all_money/number          #计算单价
print("商品的单价为",price)      #输出单价
```
控制台输入
输入总价:5000
输入商品的数量:12
程序输出
商品的单价为416.66666666666667

该程序由控制台输入总价和商品数量后，计算出商品的单价，但输出的单价出现了 17 位有效数字。显然，我们不需要这么多有效数字，保留两位小数即可。Python 语言提供的内置函数 format() 解决了这个问题。

在使用内置函数 format() 时，需要给这个函数传递两个参数，也就是想要输出的数值和格式限定符。格式限定符是包含特殊字符的字符串，特殊字符表示输出格式。下面为使用 format() 函数的例子：

```
format(123.456,'.2f')
```

第一个参数为浮点数 123.456，是需要格式化输出的数据。第二个参数 ".2f" 为格式限定符，其中的 2 表示精度，即将数据保留两位小数；f 表示要格式化输出的数据类型是浮点数。

format() 函数会返回一个字符串，该字符串是格式化处理后的字符串。

```
>>> print(format(123.456,'.2f'))
123.46
```

从输出结果可以看出，数据保留了两位小数。而下面这个例子，只保留了一位小数：

```
>>> print(format(123.456,'.1f'))
123.5
```

对程序 2-15 修改后如下：

程序 2-16　print_demo2.py

```
#输入商品总价和商品的数量，计算商品的单价
all_money=int(input("输入总价:"))
number=int(input("输入商品的数量:"))
```

```
price=all_money/number          #计算单价
print("商品的单价为",end=" ") #输出单价
print(format(price,'.2f'))
```
控制台输入
输入总价:5000
输入商品的数量:12

程序输出
商品的单价为416.67

如果要求数据以科学计数法输出，可以使用字母 E 或 e 代替 f。例如：

```
>>> print(format(123456.789,'e'))
1.234568e+05
>>> print(format(123456.789,'.2e'))
1.23e+05
```

第一个 print() 函数仅仅将数据输出为科学计数法形式，显示结果用 e 表示指数。第二个 print() 函数则额外指定了精度保留到小数点后两位。

如果希望将数据格式化为带有逗号分隔符的形式，可以在格式限定符中添加一个逗号。例如：

```
>>> print(format(12345.6789,',.2f'))
12,345.68
```

当数据变大时，输出结果便是下面这种：

```
>>> print(format(123456789.123,',.2f'))
123,456,789.12
```

程序 2-17　print_demo3.py

输入商品的单价和数量，计算总费用。

```
price=int(input("输入单价:"))
number=int(input("输入购买数量:"))
money=price*number
print("需要的总费用为$"+format(money,',.2f'))
```

控制台输入
输入单价:6000
输入购买数量:20
程序输出
需要的总费用为$120,000.00

程序在控制台输入单价和数量，计算出总费用，并在控制台用逗号分隔符输出总费用。

此外，除了用 f 作为类型限定符外，还可以使用百分号（%）格式化输出浮点数。百分号将会让数据乘以 100 后显示出来，并在后面添加一个"%"。如下：

```
>>> print(format(0.5,"%"))
50.000000%
```

下面是精度为 0 的例子：

```
>>> print(format(0.6,".0%"))
60%
```

2.4 运算符和表达式

2.4.1 运算符

在 Python 编程中，运算符包括算术运算符、赋值运算符、比较运算符、逻辑运算符、身份运算符、成员运算符和位运算符。

算术运算符可以与数值一起使用，执行一些常见的数学运算。假设变量 a=10，b=20，则如表 2-5 所示。

表2-5 运算符

运算符	描述	实例
+	相加，将两个对象相加	a+b，结果为30
-	相减，将两个对象相减	a-b，结果为-10
*	相乘，两个数相乘，或者返回重复若干次的字符串	a*b，结果为200
/	相除，将两个数相除	b/a，结果为2
%	取模，结果返回除法的余数	b%a，结果为0
**	幂运算，结果返回x的y次幂	a**b，结果为10的20次方，也就是100000000000000000000
//	取整除，向下取整，返回商的整数部分	9//2，结果为4

程序 2-18 calculation_demo1.py

在 Python 编程中，运算符的使用如下：

```
a=int(input("输入一个整数:"))
b=int(input("输入一个整数:"))

print(a+b)    #计算a和b的和
print(a-b)    #计算a和b的差
print(a*b)    #计算a和b的乘积
print(a/b)    #计算a和b的商
print(a%b)    #取模，结果返回除法的余数
print(a**b)   #幂运算，结果返回x的y次幂
print(a//b)   #取整除，向下取整，返回商的整数部分
控制台输入
输入一个整数:7
输入一个整数:2
程序输出
9
5
```

```
14
3.5
1
49
3
```

上述程序为我们展示了 Python 运算符的使用。当然，我们也可以将这些运算符组合使用，以达到我们想要实现的目的。如计算 $(a+b)^2/(a-b)$：

```
>>> a=20
>>> b=10
>>> print((a+b)**2/(a-b))
90.0
```

在进行关系的比较时，可以使用关系运算符，该运算符会返回一个 bool 值，如果关系成立，返回 True，否则返回 False。常用的关系运算符如表 2-6 所示。

表2-6 关系运算符

运算符	描述
==	等于，比较对象是否相等
!=	不等于，比较两个对象是否不相等
>	大于，返回x是否大于y
<	小于，返回x是否小于y
>=	大于等于，返回x是否大于等于y
<=	小于等于，返回x是否小于等于y

比较用户输入的两个数的大小，如下：

程序 2-19 calculation_demo2.py

```
#在控制台输入两个整数，比较它们的大小关系
a=int(input("输入一个整数:"))
b=int(input("输入一个整数:")

print(a>b)      #判断a是否大于b
print(a<b)      #判断a是否小于b
print(a==b)     #判断a是否等于b
print(a!=b)     #判断a是否不等于b
print(a<=b)     #判断a是否小于等于b
print(a>=b)     #判断a是否大于等于b
```
控制台输入
输入一个整数:10
输入一个整数:5
程序输出
True

```
False
False
True
False
True
```

逻辑运算符有三种，分别是逻辑与（and）、逻辑非（not）、逻辑或（or）。逻辑与（and）可以对符号两侧的值进行与运算。只有当符号两侧的值都为 True 时，才会返回 True，只要有一个 False 就返回 False。与运算中存在一个或多个 False 表达式就为 False，即如果第一个值为 False，则会返回 False，不会再往下找第二个值。逻辑非（not）可以对符号右侧的值进行非运算，对于布尔值，非运算会对其进行取反操作，True 变 False，False 变 True；逻辑或（or）运算两个值中只要有一个 True，就会返回 True。如表 2-7 所示。

表2-7　逻辑运算符

运算符	逻辑表达式	描述
not	not x	逻辑非，如果x为True，返回False；如果x为False，返回True
and	x and y	逻辑与，如果x为False，返回False，否则返回y的计算值
or	x or y	逻辑或，如果x是True，返回x的值，否则返回y的计算值

程序 2-20　calculation_demo3.py

```
#关系运算符的使用
用户输入a、b、c三个整数，判断大小关系。
a=int(input("输入一个整数:"))
b=int(input("输入一个整数:"))
c=int(input("输入一个整数:"))

print(a>b and a<c)
print(a==b and b>c)
print(a<b or a<c)
print(a!=b or b==c)
print(not a>b)
print(not c<=a)
```
控制台输入
```
输入一个整数:10
输入一个整数:15
输入一个整数:7
```
程序输出
```
False
False
True
True
True
False
```

该程序输入了 a=10、b=15、c=7，执行 "a>b and a<c"，因为 a>b 是 False，a<c 也是 False，所以使用 and 逻辑运算符后结果为 False。又如 "a<b or a<c"，因为 a<b 是 True，a<c 是 False，执行 or 运算后为 True。再如 "not a>b"，a>b 为 False，执行 not 运算后转为 True。

在执行条件运算时，会对条件表达式进行求值判断，如果判断结果为 True，执行语句 1；如果判断结果为 False，则执行语句 2。

其语法为：

```
if 条件表达式: 语句1 else: 语句2
```

程序 2-21　calculation_demo4.py

```python
#输入两个整数并比较两个整数的大小，最后输出最大的数
a=int(input("输入一个整数:"))
b=int(input("输入一个整数:"))

if a>b:
    print("最大数是",a)
else:
    print("最大数是",b)
```

控制台输入

输入一个整数: 10

输入一个整数: 20

程序输出

最大数是20

在 Python 编程中，格式缩进是非常重要的，可以增强代码的可读性和可维护性，建议大家在编程中使用该方式来创建条件表达式。

位运算符主要用于比较二进制数字，如表 2-8 所示。

表2-8　位运算符

运算符	名字	描述
&	按位与运算符	参与运算的两个值，如果两个相应位都为1，则该位的结果为1，否则为0
|	按位或运算符	只要二进制数所对应的两个二进制位有一个为1，则返回结果为1
^	按位异或运算符	如果两个比较数对应的二进制位相异时，则结果为1
~	按位取反运算符	二进制数对应数据的每个二进制位取反，即把0变为1，把1变为0
<<	左移动运算符	运算数的所有二进制位向左移动若干位，由<<操作符右边的数字指定移动的位数，高位丢弃，低位补0

续表

运算符	名字	描述
>>	右移动运算符	运算数的所有二进制位向右移动若干位，由>>操作符右边的数字指定移动的位数，高位丢弃，低位补0

2.4.2　运算符优先级

使用运算符时，需要注意优先级。因此，在创建运算表达式时，小括号的使用位置是非常重要的，添加或者删除小括号可能会导致表达式的运算结果发生改变。表 2-9 为运算符的优先级。

表2-9　运算符的优先级

运算符	描述
**	指数（最高优先级）
~、+、-	按位反转、一元加号、减号（最后两个的方法名为+@和-@）
*、/、%、//	乘、除、取模、取整除
+、-	加法、减法
>>、<<	右移运算符、左移运算符
&、^、|	位运算符
<=、<、>、>=	关系运算符
<>、==、!=	等于运算符
=、%=、/=、//=- =、+=、*=、**=	赋值运算符
is、not	身份运算符
in、not in	成员运算符
not、and、or	逻辑运算符

2.4.3　表达式

Python 表达式与数学中的函数关系式一样，能十分明确地表达多条语句的意义。简而言之，就是让代码变得更简明。我们在使用表达式之前，一定要清楚各个运算符之间的关系，表达式是值、变量和操作符（运算符）的组合。单独的一个值是一个表达式，单独的变量也是一个表达式。

Python 语句是一段可执行的代码。常见的有赋值语句、if 语句、while 语句、for 语句等。

　　赋值语句的特性是变量名在首次赋值时被创建。在 Python 语言中，所有变量名在引用前必须先给变量赋值。Python 可以把赋值运算符右侧元组内的值和左侧元组内的变量相匹配，一次赋一个值。例如：

```
>>> (a,b)=(1,2)
>>> print(a,b)
1 2
>>>
```

　　其中 a 的值为 1，b 的值为 2。

　　条件语句是通过一条或者多条语句的执行结果（True 或者 False）决定执行的代码块。Python 条件语句执行的过程如图 2-5 所示。

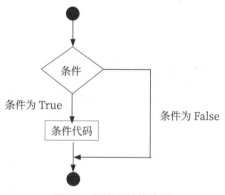

图2-5　条件语句的执行

　　在 Python 编程中，条件语句主要用于控制程序的执行，条件语句的格式为：

```
if 判断条件:
    执行语句…
```

　　判断条件成立（值为 True），执行该 if 条件下的语句，否则不执行该语句。

　　注意：Python 语言指定任何非 0 和非空（None）的值为 True，0 或者 None 为 False。

```
if 判断条件:
    执行语句…
else:
    执行语句…
```

　　判断条件成立时（非 0），则执行后面的程序语句。执行语句可以为多行，我们可以通过缩进来区分是否属于同一范围。else 为可选语句，如果需要的条件不成立，则会执行 else 下面的语句：

```
if 判断条件1:
```

```
        执行语句1…
elif判断条件2:
        执行语句2…
elif判断条件3:
        执行语句3…
else:
        执行语句4…
```

if 语句的判断条件可以用 >、<、==、>=、<= 表示其关系。当判断条件为多个值时，可以使用以上形式，需要注意 Python 和 C 语言不同的是：Python 不支持 switch 语句。所以，当我们想要进行多个条件判断时，只能使用 elif 语句来实现。

在 if 表达式中，我们可以使用括号来区分条件表达式的先后顺序。在括号中的条件表达式优先执行，在没有括号的情况下，运算符则先执行 >、< 等判断符号，再执行 and 运算或 or 运算。

程序 2-22   expression_demo1.py

```python
#存在多个判断条件式if和逻辑运算符的情况
price=int(input("输入商品的单价:"))

if(price>=100 and price<=500) or (price%100==0):
    print("该商品有打折优惠")
else:
    print("该商品没有打折优惠")
```
控制台输入
输入商品的单价: 300
程序输出
该商品有打折优惠
控制台输入
输入商品的单价:99
程序输出
该商品没有打折优惠

上述程序中，分别在控制台输入两次价格。当输入 300 时，表达式"price>=100 and price<=500"的值为 True，表达式"price%100==0"的值也为 True。所以，整体的条件表达式的值为 True，输出"该商品有打折优惠"。同理，由于输入 99 时，在 or 左边的表达式的值为 False，在 or 右边的表达式的值也为 False，所以，输出"该商品没有打折优惠"。

Python 语言为我们提供了两种不同的循环语句——while 循环语句和 for 循环语句。在 while 循环语句中，当判断表达式的条件为 True 时，执行 while 程序里的语句，然后再判断条件表达式。如果条件表达式的返回值为 False，则 while 循环结束。for 循环语句会先进入循环结构。如果存在执行语句，则解释器执行该语句，然后再判断表达式的返回值是否为 True。如果为 True，则继续执行当前循环，如果判断表达式的返回值为 False，则跳出循环。

执行语句可以是单条语句或者语句块，while 循环可以参见程序 2-23。

程序 2-23　expression_demo2.py

```
#输入一个整数，用于控制while循环的执行次数
times=int(input("请输入程序执行次数:"))

while times>0:
    print("Hello World")
    times-=1
print("循环结束")
```

控制台输入
请输入程序执行次数:4

程序输出
Hello World
Hello World
Hello World
Hello World
循环结束

上述程序中，使用的判断条件为 times>0。如果 times>0，程序就会执行 while 循环里的语句。为了避免程序死循环，加了限制条件 "times-=1"（即 times=times-1）。程序每执行一次，则 times 的值减去 1。直到 times>0 为 False 时结束循环。

需要注意的是，使用 while 循环时必须写条件控制语句，也就是需要有一个条件语句，满足该条件就能结束循环。否则会变为死循环，也就是循环条件永远为 True。

使用 for 循环遍历序列时，其格式为：

```
for 变量 in 序列:
```

程序 2-24　expression_demo3.py

```
#创建一个字符数组，遍历数组并输出
length=int(input("输入数组的长度:"))            #设置数组的长度

my_list=[chr(x) for x in range(65,65+length)]     #列表推导式创建数组
print(my_list)          #输出数组
for char in my_list:    #遍历数组my_list
    print(char)                      #输出数组的元素
```

控制台输入
输入数组的长度:5

程序输出
['A', 'B', 'C', 'D', 'E']
A

```
B
C
D
E
```

上述程序中，先输入了需要创建字符数组的长度，然后使用列表推导式创建了数组（后续会详细介绍列表推导式），最后使用 for 循环遍历并输出了数组。

2.5　海龟绘图简介

20 世纪 60 年代后期，麻省理工学院的 Seymour Papert 教授用一个机器龟教授程序设计。这个机器龟听命于一台计算机，教授可以在这台计算机中输入指令指挥机器龟移动。机器龟还有一支可以抬起或落下的画笔，教授通过程序输出，让机器龟在纸上绘制各种不同的图像。

Python 有一个能够模拟海龟的龟图（turtle graphic）系统。该系统在用户屏幕上显示一个小的光标(表示海龟)。用户可以通过 Python 语句控制海龟在屏幕上移动、绘制线段和图像。我们可以从使用 Python 海龟系统的第一步开始编写：

```
>>> import turtle
```

由于海龟系统没有内置在 Python 的解释器中，所以这条语句是不可或缺的。海龟系统存储在一个名为 turtle module 的文件中，需要用 import turtle 语句将文件转入 Python 的解释器中才能使用。

2.5.1　线条绘制

Python 海龟的初始位置在画布的中心，使用 turtle.showturtle() 函数可以在绘图窗口显示海龟。下面的语句是导入 turtle module 并显示海龟的交互实例。

```
>>> import turtle
>>> turtle.showturtle()
```

上述语句执行后，将出现如图 2-6 所示的图形窗口。这里说明一下：海龟的外形和现实生活中海龟的外形没有任何相似之处，它只是一个光标箭头。采用箭头是很有必要的，因为箭头代表了海龟的正面朝向。

海龟的移动方向是箭头所指的方向，我们可以尝试使用 turtle.forward(n) 命令让海龟沿着箭头

图2-6　海龟图像窗口

的方向前进 n 个像素点。如 turtle.forward(100) 就是命令机器向前移动 100 个像素点，图 2-7 中显示了这段代码执行的结果。可以看出，海龟绘制了一条线段。

```
>>> import turtle
>>> turtle.forward(100)
```

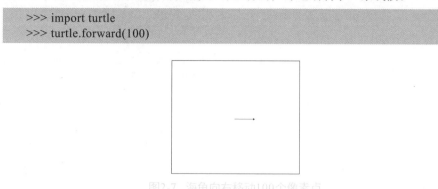

图2-7　海龟向右移动100个像素点

2.5.2　线条的转向

当海龟首次出现在画布上时，它的默认朝向是 0°（向右），使用命令 turtle.right(angle) 或者 turtle.left(angle) 可以改变海龟的朝向。命令 turtle.right(angle) 可以使海龟向右转 angel 度，命令 turtle.left(angle) 则可以使海龟向左转 angle 度。例如：

```
>>> import turtle
>>> turtle.forward(100)
>>> turtle.right(90)
>>> turtle.forward(100)
```

程序执行结果如图 2-8 所示。

图2-8　海龟向右转

这段代码让海龟先向前移动了 100 个像素点，然后右转 90°（海龟的朝向改为向下），接着海龟向前移动了 100 个像素点。

同理，right 和 left 里面的角度也可以自行调节。如绘制一个边长为 150 的正三角形：

```
>>> import turtle
>>> turtle.forward(150)
```

```
>>> turtle.left(120)
>>> turtle.forward(150)
>>> turtle.left(120)
>>> turtle.forward(150)
```

程序执行结果如图 2-9 所示。

图2-9　三角形绘制

2.5.3　线条朝向设置指定的角度

当然，有时我们需要的角度很难使用 left 和 right 实现，这时，我们就可以采用命令 turtle.setheading(angle) 给海龟设置指定的角度，其中的参数 angle 为设定的角度值。示例如下：

```
>>> import turtle
>>> turtle.forward(100)
>>> turtle.setheading(90)
>>> turtle.forward(100)
>>> turtle.setheading(180)
>>> turtle.forward(100)
>>> turtle.setheading(270)
>>> turtle.forward(100)
```

通常，海龟的初始朝向都是 0°，第三行的命令将海龟的朝向设置为 90°，第五行的命令将海龟的朝向设置为 180°，第七行的命令将海龟的朝向设置为 270°。

程序执行结果如图 2-10 所示。

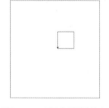

图2-10　正方形绘制

2.5.4　获取线条的方向

在交互模式下，用户可以通过命令 turtle.heading() 获取当前海龟的朝向。例如：

```
>>> import turtle
>>> turtle.heading()
0.0
>>> turtle.setheading(180)
```

```
>>> turtle.heading()
180.0
```

2.5.5　画笔的抬起和落下

初始的海龟被放置在一张很大的画布上，并带有一支可以抬起或落下的画笔。当画笔落下时，画笔和画布接触，就可以根据 Python 的命令绘制线段或图形。当画笔抬起时，便停止绘制。

用户可以使用 turtle.penup() 抬起画笔，使用 turtle.pendown() 落下画笔。具体操作如下：

```
>>> import turtle
>>> turtle.forward(100)
>>> turtle.penup()
>>> turtle.forward(50)
>>> turtle.pendown()
>>> turtle.forward(40)
>>> turtle.penup()
>>> turtle.forward(50)
>>> turtle.pendown()
>>> turtle.forward(60)
```

程序执行结果如图 2-11 所示。

图2-11　画笔的抬起和落下

2.5.6　绘制圆和点及修改画笔的宽度

前面我们了解了如何绘制正方形和三角形，那么，如果想要绘制圆呢？ turtle 给用户提供了 turtle.circle(radius) 函数，该函数可以让海龟绘制一个半径为 radius 个像素点的圆。如我们使用 turtle.circle(100) 绘制一个半径为 100 个像素点的圆。程序如下：

```
>>> import turtle
>>> turtle.circle(100)
```

程序执行结果如图 2-12 所示。

假设我们需要绘制的是半个圆。此时，我们可以在 turtle.circle() 函数中添加一个角度参数，如 turtle.circle(100,180) 表示绘制一个半径为 100 的半圆弧。代码如下：

```
>>> import turtle
>>> turtle.circle(100,180)
```

程序执行结果如图 2-13 所示。

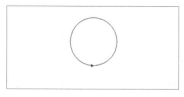

图2-12　绘制一个半径为100的圆

图2-13　半径为100，弧度为180°的半圆弧

用函数 turtle.dot() 使海龟绘制一个点。代码如下：

```
>>> import turtle
>>> turtle.dot()
>>> turtle.forward(50)
>>> turtle.dot()
>>> turtle.setheading(60)
>>> turtle.forward(50)
>>> turtle.dot()
```

程序执行结果如图 2-14 所示。

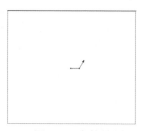

图2-14　点的绘制

如果需要绘制一个线条比较粗的圆，可以使用 turtle.pensize(width) 函数修改海龟画笔的宽度，参数 width 是一个代表画笔宽的整数。

学习了上面的绘图函数，如何用这些函数画出一个完整的图形呢？可以按以下几个要求试一下：

（1）绘制一个半径为 50 的圆。

（2）绘制一个长度为 100、宽度为 50 的长方形。

（3）要求圆的线条宽度为 5，长方形的线条宽度为 3，且两个图形的线条不能相交。

程序 2-25　turtle_demo1.py

```python
import turtle

#创建turtle对象
t=turtle.Turtle()
# 设置画布大小
turtle.setup(500, 500)
#设置背景颜色
turtle.bgcolor("white")
#设置笔的粗细和颜色
t.pensize(5)
t.pencolor("black")
# 绘制圆形
t.penup()
t.goto(-75, 50)
t.pendown()
t.circle(50)
#绘制长方形
t.penup()
t.goto(-25, -50)
t.pendown()
t.pensize(3)
t.pencolor("blue")
for i in range(2):
  t.forward(100)
  t.right(90)
  t.forward(50)
  t.right(90)
#关闭窗口
turtle.done()
```

程序执行结果如图 2-15 所示。

图2-15　使用函数绘制圆与长方形

2.5.7　改变画笔的颜色和背景的颜色

函数 turtle.pencolor() 可以用来改变画笔的颜色，其中参数 color 可以设定海龟画笔的颜色。当然，也有一些预先定义好的颜色名供用户选择。常用的颜色有：红色（red）、绿色（green）、蓝色（blue）、黄色（yellow）、青色（cyan）。

下面这段代码，绘制了一个画笔颜色为蓝色（blue）的圆。

```
>>> import turtle
>>> turtle.pencolor("blue")
>>> turtle.circle(100)
```

程序执行结果如图 2-16 所示。

函数 turtle.bgcolor(color) 可以用来改变海龟图形窗口的背景颜色，其中参数 color 就是代表颜色的一个字符串。例如将背景颜色改为灰色（gray），画笔颜色修改为蓝色，绘制一个半径为 75 的圆。

```
import turtle

#创建turtle对象
t=turtle.Turtle()
#设置背景颜色
turtle.bgcolor("gray")
#设置笔的粗细和颜色
t.pensize(5)
t.pencolor("blue")
#绘制圆形
t.circle(75)
#关闭窗口
turtle.done()
```

程序执行结果如图 2-17 所示。

图2-16 改变画笔的颜色

图2-17 修改背景的颜色

2.5.8 重新设置屏幕及设置屏幕的窗口的大小

如果我们要清除屏幕上的图形和海龟画笔的设置，可以使用命令 turtle.reset()，turtle.clear() 和 turtle.clearscreen()。

（1）turtle.reset() 可以擦除当前窗口的所有图形，并将画笔重置为黑色，让海龟画笔重新回到窗口的中心位置，这个命令不会重置图形窗口的背景颜色。

（2）turtle.clear() 可以擦除图形窗口的所有图形，但不会改变海龟画笔的位置，也不会改变画笔的颜色和窗口的背景颜色。

（3）turtle.clearscreen() 可以擦除图形窗口的所有图形，并将画笔的颜色重置为黑色，将图形窗口的背景颜色重置为白色。之后，海龟画笔会回到窗口的中心位置。

也可以使用函数 turtle.setup(width,height) 指定图形窗口的大小。在该函数中，参数 width 表示图形窗口的宽度，参数 height 表示图形窗口的高度。

图 2-18 为程序创建的一个宽度为 640 像素点和高度为 480 像素点的图形窗口，并在窗口绘制了一个半径为 50 的圆。

图2-18　设置图像窗口的大小

2.5.9　移动海龟画笔到指定的位置

海龟的图形窗口采用笛卡儿坐标系来确定每个像素点的位置，也就是说，每个像素点都有一个指定的 x 坐标和 y 坐标。x 坐标决定了像素点的水平位置，y 坐标决定了像素点的垂直位置。需要注意以下几点：

（1）x 坐标值的增加表示向窗口右侧移动，反之向窗口左侧移动。

（2）y 坐标值的增加表示向窗口上方移动，反之向窗口下方移动。

（3）位于窗口中心右侧的 x 坐标为正数，位于窗口中心左侧的 x 坐标为负数。

（4）位于窗口中心上方的 y 坐标为正数，位于窗口中心下方的 y 坐标为负数。

（5）初始画笔的位置就是窗口中心处，坐标为（0，0）。

我们可以使用函数 turtle.goto(x,y) 将海龟画笔从当前位置直接移动到指定像素点的位置，其中，参数 x 和 y 是目标位置的坐标。如果画笔处于落下的状态，海龟画笔就会绘制一段移动的线段。例如：

```
>>> import turtle
>>> turtle.goto(0,150)
>>> turtle.goto(-150,0)
>>> turtle.goto(0,0)
```

程序执行结果如图 2-19 所示。

图2-19　移动海龟画笔的位置

2.5.10　获取当前画笔所在位置

使用海龟画笔绘制图形时，若想确定当前海龟画笔所在的位置，可以使用函数 turtle.pos()。例如：

```
>>> import turtle
>>> turtle.goto(100,-100)
>>> turtle.pos()
(100.00,-100.00)
```

如果只想确定 x 坐标，可以使用函数 turtle.xcor() 获取。同理，y 坐标可以使用函数 turtle.ycor() 获取。例如：

```
>>> import turtle
>>> turtle.goto(100,-100)
>>> turtle.xcor()
100
>>> turtle.ycor()
-100
```

2.5.11　控制画笔的速度和隐藏画笔

如果想控制海龟画笔的移动速度，可以使用函数 turtle.speed(speed)。其中，函数的参数 speed 是取值范围 0 到 10 的一个整数，数值越大画笔移动的速度越快。需要注意的是：当 speed 的取值为 0 时，海龟画笔会瞬间完成移动（没有动画移动效果）。如下面这段代码会立即画一个半径为 100 的圆：

```
>>> import turtle
>>> turtle.speed(0)
>>> turtle.circle(100)
```

如果想获取当前画笔的速度，turtle.speed() 函数里不添加任何参数便可。例如：

```
>>> import turtle
>>> turtle.speed()
3
```

海龟画笔默认的移动速度为 3。

如果不希望海龟画笔（箭头光标）显示在屏幕上，可以使用函数 turtle.hideturtle() 在屏幕上隐藏海龟画笔。当然，该函数不会改变绘图方式，只是隐藏了海龟画笔。若想取消隐藏，可以使用函数 turtle.showturtle() 使海龟画笔重新显示。

2.5.12　显示文本

如果想在图形窗口中显示文本，可以使用函数 turtle.write(text)。显示字符串时，系统会用海龟的 x 坐标和 y 坐标定位第一个字符串的左下角。例如：

```
>>> import turtle
>>> turtle.write("Hello World")
```

程序执行结果如图 2-20 所示。

图2-20　在图形窗口显示文本

当然，也可以用 turtle.goto() 函数将海龟画笔移动到指定位置，显示文本。

```
>>> import turtle
>>> turtle.setup(250,250)
>>> turtle.penup()
>>> turtle.goto(-200,200)
>>> turtle.pendown()
>>> turtle.write("Hello World")
>>> turtle.penup()
>>> turtle.goto(200,-200)
>>> turtle.pendown()
>>> turtle.write("World")
>>> turtle.hideturtle()
```

程序执行结果如图 2-21 所示。

图2-21　在图形窗口显示文本

2.5.13　图形填充

如果想给一个图形填充颜色，在绘制图形之前，使用函数 turtle.begin_fill() 即可，绘图结束使用函数 turtle.end_fill()。执行 turtle.end_fill() 函数后，图形将填充当前颜色。例如：

```
>>> import turtle
>>> turtle.hideturtle()
>>> turtle.begin_fill()
```

```
>>> turtle.circle(100)
>>> turtle.end_fill()
```

程序执行结果如图 2-22 所示。

图2-22　绘制一个填充色为黑色的圆

海龟画笔默认的填充颜色为黑色，如果想修改填充的颜色，可以使用函数 turtle.fillcolor(color)，其中参数 color 是代表颜色的字符串。

绘制一个填充色为蓝色的正方形，程序如下：

```
>>> import turtle
>>> turtle.hideturtle()
>>> turtle.fillcolor("blue")
>>> turtle.begin_fill()
>>> turtle.forward(150)
>>> turtle.right(90)
>>> turtle.forward(150)
>>> turtle.right(90)
>>> turtle.forward(150)
>>> turtle.right(90)
>>> turtle.forward(150)
>>> turtle.end_fill()
```

程序执行结果如图 2-23 所示。

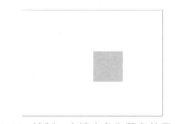

图2-23　绘制一个填充色为蓝色的正方形

2.5.14　让图形窗口保持开放状态

如果在除了 IDE（例如在命令行状态下）以外的环境下运行 Python 的海龟图形程序，便会发现每次程序执行完后，图形窗口都会自动关闭。为了防止程序结束后图形窗口自动关闭，需要在海龟程序的最后加一个函数 turtle.done()，这样便可以让图形窗口保持开放状态。在程序结束后，图形窗口会一直保留。如果想关闭窗口，只需要点击窗口上的标准按钮"close"即可。

程序 2-26　turtle_demo2.py

绘制一个五角星，填充色为黄色；设置画笔的宽度为 5，颜色为红色，画笔的移动速度为 5；设置图形窗口大小为 800×600；在图形的右上角添加文本"Hello World"；使图形保持开放状态；隐藏海龟画笔。

```
import turtle                        #导入turtle这个模块
turtle.speed(5)                      #设置画笔的移动速度
turtle.pensize(5)                    #设置画笔的宽度
turtle.pencolor("red")               #设置画笔的颜色
turtle.fillcolor("yellow")           #设置图形的填充颜色
turtle.setup(800,600)                #设置图形窗口的大小
turtle.begin_fill()                  #开始填充
turtle.left(72)
turtle.forward(200)
turtle.right(144)
turtle.forward(200)
turtle.right(144)
turtle.forward(200)
turtle.right(144)
turtle.forward(200)
turtle.right(144)
turtle.forward(200)
turtle.end_fill()
turtle.penup()
turtle.goto(150,150)
turtle.pendown()
turtle.write("Hello World",font=('Arial',20,'normal'))
turtle.hideturtle()                  #隐藏画笔
turtle.done()                        #让图形保持开放状态
```

turtle.write() 函数里的第一个参数是显示的字符串，第二个参数 font 为一个元组，其中第一个参数是字体种类，第二个是字号大小，最后一个参数是字符显示的格式。

通过以上关于海龟绘图的基本函数的介绍，我们便可以独立绘制大部分简单的图形了，后面还会介绍如何使用循环语句和条件判断语句绘制更复杂的图形。

习 题

选择题

1. 下列语句____运行时会出错。

A. x=17   B. 17=x   C. x=66666   D. x='18'

2. 执行整数除法的操作符号是____。

A. //   B. *   C. **   D. *

3. 执行除法运算，但返回的是余数而不是商的运算符是____。

A. %   B. /   C. //   D. *

4. 下面哪个方法可以将整数数值转换为浮点数____。

A. int_to_float()   B. int()   C. float()   D. convert()

5. 表达式"22+7"，位于运算符"+"左右的两个值称为____。

A. 操作符   B. 运算符   C. 参数   D. 数学表达式

6. 下列哪个方法____能从控制台读入数据。

A. input()   B. print()   C. get_input()   D. keyboard()

程序题

1. 编写程序，让用户在控制台输入身高，并将身高赋值给变量 height 后输出。

2. 请使用赋值语句对 A、B、C 变量进行如下操作：

（1）A 加 3，然后把值赋给 B。

（2）B 乘以 5，然后把值赋给 A。

（3）A 除以 3.14，然后把值赋给 B。

（4）B 减去 8，然后把值赋给 C。

（5）输出 A、B、C 的值。

3. 编写一个程序，计算 1 到 100 之间所有整数的和。

4. 请使用机器龟绘制一个半径为 100 像素的圆。

5. 请编写一个程序来计算餐厅某次客人点餐的消费总额。程序要求用户在控制台输入点餐的费用，然后计算占比 18% 的小费和税率为 7% 的消费税，最后显示各项金额和消费总额。

6. 编写一个程序，输入某班级男生和女生的人数，显示该班级的性别比例。（提示：某班级有 18 名男生和 12 名女生，共 30 名学生。男性比例为 18÷30=0.6，女性比例为 12÷30=0.4。）

流程控制

3.1　程序结构

在 Python 编程中，存在三种程序结构：顺序结构、选择结构、循环结构。

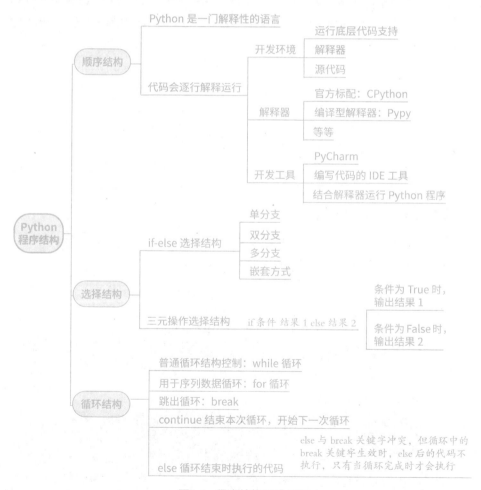

图3-1　程序结构思维导图

所谓的顺序结构就是从头到尾一直执行下去，Python 之所以被称为解释型编程语言，是因为其在执行程序时解释一行，执行一行。

我们常说的选择结构其实就是 if-else 结构。这种结构可以根据它的分支多少，细分为单分支结构、双分支结构、多分支结构及嵌套结构。

循环结构分为两种：一种是 while 循环语句，另一种是 for 循环语句。while 循环一般应用于普通的循环条件控制中，比如有准确的循环次数，便可以采用 while 循环，但需要注意避免出现死循环；而 for 循环一般应用于序列数据循环中，假设我们想遍历数组或元组中的元素，便可以使用 for 循环实现。

在循环结构中有几个关键字：

break 关键字：如果想结束当前的循环，可以使用 break 关键字跳出循环。

continue 关键字：结束当前循环中所执行的语句，直接跳到下一条循环语句。

finally 关键字：应用于条件程序执行后，如果没有 break 语句，当程序判断后会执行 finally 关键字里面的程序；如果有 break 语句，将不会执行 finally 关键字里面的程序。

3.2   选择结构语句

尽管在程序设计中大量使用顺序结构，但它并不能解决所有的问题。有时我们希望程序执行某段代码，或者需要程序在特定的情况下执行某段代码，这时，决策结构就能实现这些要求。决策结构也被称为选择结构。

前面介绍了 Python 流程控制语句的一些基本知识，下面介绍选择结构语句中的单分支结构语句、双分支结构语句和多分支结构语句。

3.2.1   单分支结构语句

所谓单分支结构语句，也就是 if 语句，其语法格式为：

```
if 条件:
    执行语句
```

程序 3-1   if_demo1.py

```
#由用户在控制台输入年龄，并判断是否满18岁。如果满足，输出提示语句
age=int(input("输入你的年龄:"))
#使用if结构判断是否满18岁
if age>=18:
#如果满足条件，则执行下面的输出语句
```

```
    print("年龄已满18岁")
```

控制台输入
输入你的年龄:19
程序输出
年龄已满18岁

需要注意的是，在使用 if 选择结构语句时，必须在语句中添加缩进。代码的缩进使用 Tab 键，或者使用四个空格（PyCharm 自动添加）。但在 Python 编程开发中，Tab 键和空格不能混用。

3.2.2　双分支结构语句

了解了 if 的选择判断后，可以实现大部分选择结构。但在使用 if 判断的时候，有时需要满足某一个条件，然后进行某项操作，条件不满足，则执行另外的操作，这时，就可以使用 if-else 语句，语法格式为：

```
if 条件:
    条件成立执行语句
else:
    条件不成立执行语句
```

在执行双分支结构语句时，else 必须配合 if 使用，else 后不跟条件，else 总与离它最近的 if 匹配。if 和 else 语句以及各自的缩进部分是一个完整的代码块。

程序 3-2　if_demo2.py

```
'''
由用户在控制台输入年龄，判断是否满18岁（>=）。如果满18岁，允许进入网吧；如果未满18岁，提示回家写作业
'''
age=int(input("输入你的年龄:"))
#使用if结构判断是否满18岁
if age >=18:
    #如果满足条件，则执行下面的输出语句
    print("可以进入网吧")
else:
    #如果不满足if条件，则执行else中的输出语句
    print("你的年龄太小,请回家写作业吧")        #注意Tab键缩进
```

控制台输入
输入你的年龄:20
程序输出
可以进入网吧
控制台输入
输入你的年龄:16
程序输出
你的年龄太小,请回家写作业吧

和单分支结构语句一样，双分支结构语句 else 关键字下的语句也要添加缩进。

3.2.3 多分支结构语句

在程序设计过程中，如果仅仅使用单一的 if-else 语句并不能表示条件表达式全部存在的情况，需要使用多分支结构语句罗列可能存在的所有情况。这时，可以使用 elif 语句实现，语法格式如下：

```
if 条件1:
    条件1成立执行语句1
elif 条件2:
    条件2成立执行语句2
elif 条件3:
    条件3成立执行语句3
else:
    所有条件都不满足执行语句4
```

在使用多分支结构语句时，elif 语句和 else 语句都必须和 if 语句搭配使用，不能单独使用。我们可以将 if、elif 和 else，以及各自缩进的语句，看成一个完整的代码块。

程序 3-3   if_demo3.py

```
'''
定义holiday_name字符串变量，记录节日名称。如果是情人节，应该买玫瑰、看电
影；如果是平安夜，应该买苹果、吃大餐；如果是生日，应该买蛋糕；其他的日子
每天都是节日
'''
#先定义一个holiday_name记录节日名称
holiday_name=input("输入节日:")
#条件判断，如果是情人节，买玫瑰、看电影
if holiday_name=="情人节":
    print("买玫瑰")
    print("看电影")
#如果是平安夜，买苹果、吃大餐
elif holiday_name=="平安夜":
    print("买苹果")
    print("吃大餐")
#如果是生日，买蛋糕
elif holiday_name=="生日":
    print("买蛋糕")
#其他的日子每天都是节日
else:
    print("每一天都是节日")
控制台输入
输入节日:情人节
程序输出
```

买玫瑰
看电影
控制台输入
输入节日:生日
程序输出
买蛋糕

3.2.4　嵌套语句

Python 中的嵌套语句,是将多种形式的选择语句混合使用。如果需要判断多个条件,可以使用 elif 语句,在多个条件平级开发的过程中,使用 if 语句进行判断。如果我们还想在 elif 语句中加入多个平级判断,需要使用嵌套语句。if 的嵌套语句经常用于需要满足前提条件的情况。

if 嵌套语句的语法格式,除了缩进的区别外,与普通的判断语句没有其他的不同。嵌套语句语法格式为:

```
if 条件1:
    if 条件1基础上的条件2:
        条件2 满足时,执行的代码
    else:
        条件2不满足时,执行的代码
else:
    条件1不满足时,执行的代码
```

程序 3-4　if_demo4.py

```
'''
在控制台输入成绩，判断成绩是否为0~100的数值，如果不是，则提示输入的成绩有误，如果是，则继续判断成绩的等级：90~100为优，80~90为良，70~80为中，60~70为及格，60以下为不及格
'''
#在控制台输入成绩
score=int(input("输入你的成绩:"))
if score>=0 and score <=100:    #条件判断语句
    if score>=90:
        print("优")
    elif score>=80:
        print("良")
    elif score>=70:
        print("中")
    elif score>=60:
        print("及格")
    else:
        print("不及格")
else:
    print("输入的成绩有误")
```
控制台输入

输入你的成绩:102

程序输出
输入的成绩有误

控制台输入
输入你的成绩:78

程序输出
中

3.2.5 字符串比较

Python 语言支持字符串的比较，从前面的例子中可以看出，两个值进行了比较。同样的，两个字符串也能进行比较。如：

```
>>> name1="Jack"
>>> name2="Jack"
>>> if name1==name2:
        print("两个名字相同")
    else:
        print("两个名字不相同")
两个名字相同
```

由于 name1 和 name2 的值是相同的，所以在使用 if 选择语句后执行输出语句"两个名字相同"。当然，我们也可以使用"!="判断变量引用的值是否为某个字符串。例如：

程序 3-5 if_demo5.py

```
'''
设定好用户名和密码，在控制台输入用户名和密码。判断用户名和密码是否与设定
的相同，相同则显示登录成功，否则显示用户名或者密码错误
'''
#在控制台输入用户名和密码
username=input("请输入你的用户名:")
password=input("请输入你的密码:")

if username=="user123456":
    if password=="123456":
        print("登录成功")
    else:
        print("密码错误")
else:
    print("用户名不存在")
```

控制台输入
请输入你的用户名:user123456
请输入你的密码:123456

程序输出
登录成功

控制台输入
请输入你的用户名:user123456
请输入你的密码:12345

程序输出
密码错误

在 Python 编程中，比较字符串时，是区分字母大小写的。如字符串"Hello"
与字符串"hello"是不相等的。

除了比较字符串是否相等外，还可以比较一个字符串是否大于或者小于另一个
字符串。

事实上，计算机并不是将 A、B、C 这样的字符直接存储在内存中，而是存储
代表这些字符的数值编码。ASCII 码就是常用的字符编码。

这里仅介绍它的部分特性：

（1）大写字母 A~Z 用数值 65~90 表示。

（2）小写字母 a~z 用数值 97~122 表示。

（3）数字 0~9 用数值 48~57 表示。如字符串"abc123"就是以编码 97、98、99、
49、50 和 51 的形式存储在计算机中。

（4）空格使用数值 32 表示。

在使用数值表示字符串的同时，ASCII 码还建立了字符的顺序。如字符"A"就
先于（小于）字符"B"。也就是说，当一个程序比较字符时，实际上比较的是代表
字符的编码。

```
>>> if "a"<"b":
    print("Hello World!")
Hello World!
```

该语句先判断了字符"a"的 ASCII 码是否小于字符"b"的 ASCII 码。实际上，
"a"的编码值确实小于"b"的编码值，表达式""a"<"b""为真。因此，在执行完
这条判断语句后会输出"Hello World!"。

现在，让我们来看看计算机如何比较含多个字符的字符串。这里设定两个字符
串"Mary"和"Mark"：

```
name1='Mary'
name2='Mark'
```

图 3-2 显示的是两个字符串中的单个字符是如何以 ASCII 码的形式存储的。

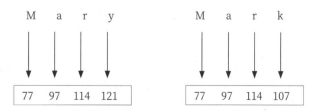

图3-2　字符串"Mary"和字符串"Mark"对应的字符编码

运用关系运算符比较字符串，采用的是逐个字符进行比较的方式。

```
>>> name1='Mary'
>>> name2='Mark'
>>> if name1>name2:
        print('Mary大于Mark')
    else:
        print('Mark大于Mary')
Mary大于Mark
```

运算符 ">" 是从第一个字符开始比较的，逐个对字符串中的每个字符进行比较。如图 3-3 所示。

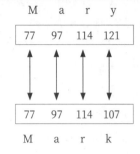

图3-3   比较字符串中的每个字符

这里说明一下比较的细节：

"Mary" 中的 "M" 先和 "Mark" 中的 "M" 比较。由于它们相等，因此比较下一个字符。

"Mary" 中的 "a" 先和 "Mark" 中的 "a" 比较。由于它们相等，因此比较下一个字符。

"Mary" 中的 "r" 先和 "Mark" 中的 "r" 比较。由于它们相等，因此比较下一个字符。

"Mary" 中的 "y" 先和 "Mark" 中的 "k" 比较。由于它们不等，因此比较两个字符的 ASCII 编码值。其中字符 "y" 的 ASCII 编码值（121）大于字符 "k" 的编码值（107），所以计算机判定字符串 "Mary" 大于字符串 "Mark"。

如果参与比较的两个字符串的长度不同，则仅比较对应长度的字符。如果对应长度的字符都相等，则较短的字符串小于较长的字符串。如字符串 "Hell" 是小于字符串 "Hello" 的。

3.3   循环语句

3.3.1   for 循环

一般情况下，Python 程序按照顺序执行。高级编程语言提供了各种控制结构，允许程序有更复杂的执行路径。Python 中的循环语句允许多次执行一条语句或者语句组。当我们需要计算 1+2+3 时，我们可以直接写出表达式：

```
>>> 1+2+3
6
```

如果需要计算 1+2+3+4+…+9+10，我们可以通过程序列举出来。但是，如果需要计算从1到10000，甚至到100000的和呢？直接使用表达式实现明显不现实。此时，为了让计算机执行这成百上千次的操作，就需要使用循环语句。

Python 编程中的循环语句有两种：一种是"for…in"循环，也就是一次将列表（list）或者元组（tuple）中的每个元素迭代出来。如：

程序 3-6   for_demo1.py

```
#创建一个列表并遍历输出列表中的元素
names=['Jack','Tom','Mark']
for name in names:
    print(name)
#执行这段代码后，依次输出names列表中的每个元素
程序输出
Jack
Tom
Mark
```

所以，"for…in"循环就是将每一个元素代入变量 x 中，然后执行缩进块中的语句。再比如计算 1~9 的平方和，我们可以使用 sum 变量做累加。例如：

程序 3-7   for_demo2.py

```
#定义一个变量，作为平方和的结果
sum=0
for i in (1,2,3,4,5,6,7,8,9):        #迭代数据
    sum +=i**2

print(sum)  #输出平方和
程序输出
285
```

在 for 循环内部，设置变量的目的是：在循环迭代过程中，逐个引用列表或者元组中的每个元素的数据。在很多情况下，在循环体内部的某个计算或者操作中，使用目标变量有很多好处。表 3-1 为 i 的迭代情况。

表3-1   i的迭代情况

数据（i的值）	平方
1	1
2	4
3	9
4	16
5	25

续表

数据（i的值）	平方
6	36
7	49
8	64
9	81

如果计算从 1 到 1000 所有整数的和，从 1 写到 1000 不仅麻烦，而且浪费时间。Python 语言提供了内置函数 range()，使用这个内置函数可以自动生成一个整数序列，然后再通过 list() 函数将这个整数序列转换成列表（list）。例如 range(10) 生成的序列是从 0 开始并且小于 10 的整数。

```
>>> list(range(10))
[0, 1, 2, 3, 4, 5, 6, 7, 8, 9]
```

range(1001) 可以生成从 0~1000 的所有整数序列。回到刚才的问题，计算 1~1000 的整数的和，如下：

程序 3-8   for_demo3.py

```
#定义变量用于存储和
sum=0
for i in range(1001):   #使用range()函数创建一个0~1000的整数序列
    sum=sum+i

print(sum)
```
程序输出
```
500500
```

当然，也可以传递给 range() 函数三个参数。例如：

```
>>> for num in range(1,10,2):
        print(num)
```

在 for 语句中，传递给 range() 函数三个参数的含义是：

第一个参数 1，是传递给 range() 函数的初始值，也可以不传递。如果不传递，默认初始值为 0。

第二个参数 10，是传递给 range() 函数的结束值，必须传递。

第三个参数 2，是步长。这个参数意味着数据序列后的一个数据是前一个数据加上 2 得到的。也可以不传递，不传递默认值为 1。

所以上面代码的输出结果为：

```
1
3
```

```
5
7
9
```

当然，步长可以设置为负数，如 range(10,0,-1)，会生成 10~0 的降序序列。

3.3.2　while 循环

while 循环的工作原理是：只要条件满足，就会不断循环；当条件不满足时，则退出循环。即：

```
while条件()
    条件满足时，执行语句
    条件不满足时，退出循环
```

如程序 3-9，使用 while 循环计算 100 以内的所有奇数的和。

程序 3-9　while_demo1.py

```
#定义一个变量用于存储100以内奇数和的值
sum=0
num=99
while num>0:
    sum=sum+num
    num=num -2
print("100以内奇数的和为",sum)
程序输出
100以内奇数的和为2500
```

在循环体内部，变量 num 不断自减，直至自减至 -1 时，while 循环的条件不满足，退出循环。如果 while 的条件恒为真时，就会变成一个死循环。死循环是生产环境中不可或缺的一部分。例如：

```
while True:
    print('Hello World')
程序输出
Hello World
Hello World
Hello World
Hello World
......
```

如果使用 while 循环对列表或者元组的数据进行访问，可以使用列表或者元组的索引访问其中的元素。例如：

程序 3-10　while_demo2.py

```
#创建一个字符列表，并使用while循环访问列表中的元素
my_list=['a','b','c','d','e']
list_length=len(my_list)        #获取字符列表的长度
```

```
num=0
while num<list_length:
    print(my_list[num])          #使用列表的索引访问元素
    num=num+1
```
程序输出
```
a
b
c
d
e
```

3.3.3　while 嵌套

在循环中，有时需要使用多个循环嵌套，while 循环和 for 循环都可以使用循环嵌套来实现结果。我们来看个例子：如何将九九乘法表输出到控制台？

程序 3-11　while_demo3.py

```
#使用while循环输出九九乘法表
row=1
while row<=9:
    col=1
    while col<=row:
        print('{0}*{1}={2}'.format(row,col,row*col),end=" ")
        col=col +1
    print("")
    row=row +1
```
程序输出
```
1*1=1
2*1=2 2*2=4
3*1=3 3*2=6 3*3=9
4*1=4 4*2=8 4*3=12 4*4=16
5*1=5 5*2=10 5*3=15 5*4=20 5*5=25
6*1=6 6*2=12 6*3=18 6*4=24 6*5=30 6*6=36
7*1=7 7*2=14 7*3=21 7*4=28 7*5=35 7*6=42 7*7=49
8*1=8 8*2=16 8*3=24 8*4=32 8*5=40 8*6=48 8*7=56 8*8=64
9*1=9 9*2=18 9*3=27 9*4=36 9*5=45 9*6=54 9*7=63 9*8=72 9*9=81
```

可以发现，使用 while 循环必须添加结束循环的条件，否则会导致死循环。那么，是否可以使用 for 循环实现同样的要求呢？

程序 3-12　for_demo4.py

```
#使用for循环输出九九乘法表
for row in range(1,10):
    for col in range(1,row+1):
        print("{0}*{1}={2}".format(col,row,col*row),end=' ')
    print("")
```
程序输出
```
1*1=1
```

```
1*2=2 2*2=4
1*3=3 2*3=6 3*3=9
1*4=4 2*4=8 3*4=12 4*4=16
1*5=5 2*5=10 3*5=15 4*5=20 5*5=25
1*6=6 2*6=12 3*6=18 4*6=24 5*6=30 6*6=36
1*7=7 2*7=14 3*7=21 4*7=28 5*7=35 6*7=42 7*7=49
1*8=8 2*8=16 3*8=24 4*8=32 5*8=40 6*8=48 7*8=56 8*8=64
1*9=9 2*9=18 3*9=27 4*9=36 5*9=45 6*9=54 7*9=63 8*9=72 9*9=81
```

3.3.4　循环关键字

1. break关键字

在循环语句执行过程中，如果我们想要提前结束循环，可以使用 break 关键字。例如：下列代码可以打印数字 1~100。

```
n=1
while n<=100:
    print(n)
    n=n+1
print('END')
```

如果需要提前结束循环，可以使用 break 语句，如：

```
n=1
while n<=100:
    if n>10: #当n=11时，条件满足，执行break语句
        break
    print(n)
    n=n + 1
程序输出
1
2
3
4
5
6
7
8
9
10
```

通过以上程序可以看出，执行上述代码，打印出数字 1~10 之后，紧接着程序结束。

2. continue语句

在 Python 程序的循环过程中，可以使用 continue 语句跳过当前的循环，直接开始下一次的循环。如输出 1~10 的整数：

```
n=0
while n<10:
```

```
    n=n + 1
    print(n)
```

如果只输出 1~10 中的奇数，可以使用 continue 语句跳过程序执行过程中的某些循环。例如：

```
n=0
while n<10:
    n=n + 1
    if n%2==0 #如果n是偶数，执行continue语句
        continue
    print(n)
```
程序输出
```
1
3
5
7
9
```

从以上执行的代码中可以看出，输出的结果已经不再是 1~10 之间的 10 个整数，而是 1、3、5、7、9。由此可见，continue 语句的作用是提前结束本轮循环，并直接开始下一轮的循环。

综上，循环是让计算机做一些重复任务的有效方法。break 语句可以在使用过程中直接退出循环，而 continue 语句可以提前结束本轮循环，直接开始下一轮的循环。这两个语句都必须配合条件语句（if）使用。

程序 3-13　break_continue_demo1.py

```
#创建一个1~1000的数组，循环遍历数组中的数字，如果能同时被3和5整除，则输出
#只输出6个数
my_list=list(range(1,1001))
times=0
for num in my_list:
    if num%3==0 and num%5==0:
        print(num)
        times=times+1
    else:
        continue
    if times==6:
        break
```
程序输出
```
15
30
45
60
75
90
```

3. pass语句

pass 语句的主要作用是占位,保证当前代码的完整性。在编写某个函数或者类时,如果我们的部分思路没有完成,就可以使用 pass 语句过渡。它将作为一个标签,表示后期待完成的代码。例如:

```
def python_demo()
    pass
```

该程序定义了一个函数 python_demo(),但是函数整体还没有完成,又不能不写内容。如果不写内容程序就无法继续执行,这时,就需要用 pass 占个位置(函数编程将在下一章进行详细介绍)。

pass 语句也常被用于在循环语句中编写一个空的内容,如无限循环执行 while 语句,在每次循环迭代时,可以使用 pass 占位。例如:

```
while True:
    pass
```

以上只是举例说明而已,在真正的编程过程中最好不要使用这样的代码,因为在执行此段代码的时候,Python 会进入死循环。

3.4　海龟图形库:判断海龟的状态

3.4.1　获取海龟的位置和朝向

在第二章中,我们已经学习了海龟绘图库的一些常用函数。海龟绘图库提供了大量判断海龟状态的函数,在选择结构中使用这些函数执行相关的操作。

我们学习了用 turtle.xcor() 和 turtle.ycor() 函数获取海龟画笔的 x 坐标和 y 坐标,使用 if 语句判断海龟的坐标是否大于 200。如果是,则海龟回到原点 "(0,0)"。

```
if turtle.xcor>200 or turtle.ycor>200:
    turtle.goto(0,0)
```

turtle.heading() 函数返回的是当前海龟画笔的朝向。默认的情况下,海龟画笔的朝向是以度为单位的。

```
>>>turtle.heading()
0.0
```

下面这段代码判断海龟画笔的朝向是否在 90° 到 180° 之间。如果是,则将海龟的朝向重置为 0°。

```
if turtle.heading>=90 and turtle.heading<=180:
    turtle.setheading(0)
```

3.4.2 检测画笔的状态

如果放下海龟画笔，则函数 turtle.isdown() 返回 True，否则返回 False。例如：

```
>>>turtle.isdown()
True
```

下面的一段代码使用 if 语句判断海龟画笔是否落下。如果不使用海龟画笔，则需将海龟画笔抬起。

```
if turtle.isdown()
    turtle.penup()
```

若想判断画笔是否抬起，可以对 turtle.isdown() 函数使用 not 运算符。

```
if not(turtle.isdown()):
    turtle.pendown()
```

3.4.3 获取画笔的颜色

在不传递任何参数的情况下执行函数 turtle.pencolor()，则该函数将以字符串的形式返回当前绘图的颜色。

```
>>>turtle.pencolor()
'black'
```

下面这段代码使用 if 语句判断当前绘图的颜色是否是蓝色。如果是蓝色，则将其改为红色。

```
if turtle.pencolor()=='blue':
    turtle.pencolor('red')
```

在传递任一参数的情况下执行函数 turtle.fillcolor()，则该函数将以字符串的形式返回当前填充的颜色。

```
>>>turtle.fillcolor()
'black'
```

下面这段代码使用 if 语句判断当前的填充颜色是否是红色。如果是红色，则将其改为黄色。

```
if turtle.fillcolor()=='red':
    turtle.fillcolor('yellow')
```

3.4.4 获取画笔的线宽

在不传递任何参数的情况下执行函数 turtle.pensize()，则该函数将返回当前画笔的线宽。例如：

```
>>>turtle.pensize()
1
```

下面这段代码使用 if 语句判断当前画笔的线宽是否小于 4。如果小于 4，则将其改为 4。

```
if turtle.pensize()<4:
    turtle.pensize(4)
```

3.4.5 获取画笔的移动速度

下面这段代码使用函数 turtle.speed() 返回海龟画笔当前的移动速度。

```
>>>turtle.speed()
3
```

第二章已经介绍过，海龟画笔的移动速度是 0~10 的一个数值。如果速度为 0，则表示没有画线，海龟的所有移动都是瞬间完成的。如果速度是 1~10 的一个值，则 1 是最慢的速度，而 10 是最快的速度。

下面的代码就是判断海龟画笔的画线速度是否大于 1。若是，则将速度设置为 0。

```
if turtle.speed() > 1:
    turtle.speed(0)
```

当然，也可以使用 if-elif-else 语句判断海龟的画线速度，然后设置画笔的颜色。例如，如果速度为 1，则将画笔的颜色设置为红色；如果速度大于 5，则将画笔的颜色设置为蓝色。否则，将画笔的颜色设置为黄色。

```
if turtle.speed()==1:
    turtle.pencolor('red')
elif turtle.speed()>5:
    turtle.pencolor('blue')
else:
    turtle.pencolor('yellow')
```

3.5 海龟图形库：使用循环语句进行绘图设计

前面介绍了循环语句，意味着我们可以使用循环语句绘制各种规则的图形以完成设计了。如让 for 循环迭代 4 次，绘制一个宽度为 100 像素的正方形：

```
for x in range(4):
    turtle.forward(100)
```

```
    turtle.right(90)
```

当然，也可以让 for 循环迭代 8 次，绘制一个宽度为 100 像素的正八边形。

```
for x in range(8):
    turtle.forward(100)
    turtle.right(45)
```

程序输出结果如图 3-4 所示。

程序 3-14　concentric_circles1.py

```
#由用户输入一个数，绘制多个同心圆
import turtle                #导入模块
Number_circle=int(input("输入绘制的同心圆的个数:"))
Start_radius=25              #第一个同心圆的半径
OFFSET=10                    #同心圆的间距
arrow_speed=0               #海龟画笔的速度
turtle.speed(arrow_speed)    #设置海龟画笔的速度
turtle.hideturtle()          #隐藏海龟画笔
radius=Start_radius
for count in range(Number_circle):
    turtle.circle(radius)    #画圆
    x=turtle.xcor()          #设置当前x的坐标
    y=turtle.ycor()-OFFSET   #设置当前y的坐标
    radius=radius +OFFSET    #增加同心圆的半径
    turtle.penup()           #抬起画笔
    turtle.goto(x,y)         #移动画笔
    turtle.pendown()         #放下画笔
    turtle.done()            #持续显示绘图界面
控制台输入
输入绘制的同心圆的个数:16
```

程序输出结果如图 3-5 所示。

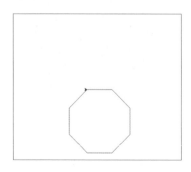

图3-4　正八边形

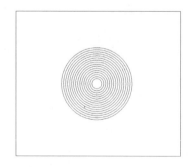

图3-5　16个同心圆

我们可以让海龟画笔反复画一些简单的图形，每画一个图形，海龟画笔就略微调整角度，然后再画一个图形。如下面这段代码，利用循环，每画一个圆，海龟画

笔就向左倾斜，再画一个圆，共画出 36 个圆。

程序 3-15 spiral_circles1.py

```
#在海龟画板上绘制由圆构成的设计图形
import turtle              #导入模块
Num_circle=36             #绘制圆的个数
radius=100                #每个圆的半径
angle=10                  #转动的角度
arrow_speed=0             #海龟画笔的速度
turtle.speed(arrow_speed)
for x in range(Num_circle):
    turtle.circle(radius)
    turtle.left(angle) #海龟画笔左转angle
    turtle.done()         #持续显示海龟图形界面
```

程序输出结果如图 3-6 所示。

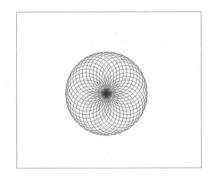

图3-6 由圆构成的设计图形

习 题

选择题（可多选）

1._____结构仅在某个特定的环境下才执行一组语句。

　　A. 顺序　　B. 详细的　　C. 选择　　D. 布尔

2._____结构提供了一条可选的执行路径。

　　A. 顺序　　B. 单分支选择　　C. 一条可选的路径　　D. 单执行选择

3._____表达式的值要么是 True（真），要么是 False（假）。

　　A. 二元　　B. 选择　　C. 无条件　　D. 布尔

4. 符号 > 、< 和 == 都是___运算符。

 A. 关系 B. 逻辑 C. 条件 D. 三元

5. 可以使用一个___语句编写一个单分支选择结构。

 A.test-jump B.if C.if-else D.if-call

6.and、or 和 not 都是___运算符。

 A. 关系 B. 逻辑 C. 条件 D. 三元

7. 只要两个子表达式中有一个为真，采用____运算符创建的复合布尔表达式就为真。

 A.and B.or C.not D. 以上三个中的一个

8.___运算符以一个布尔表达式为操作数，然后翻转该表达式的逻辑值。

 A.and B.or C.not D. 以上三个中的一个

程序题

1. 请编写一个程序，提示用户输入一个矩形的长和宽。程序将计算矩形的面积。

2. 请编写一个程序，提示用户输入一个人的年龄。程序将显示一条信息说明这个人是婴儿、儿童、青少年或者成年人。分类的要求如下：

 （1）如果此人 3 岁甚至更小，则为婴儿。

 （2）如果此人大于 3 岁，但小于 13 岁，则为儿童。

 （3）如果此人至少 13 岁，但小于 18 岁，则为青少年。

3. 请编写一个程序，提示用户输入年、月、日的信息。其中，月份用数字形式表示，年份用两位数字表示，判断月份乘以日期是否等于年份。若是，则显示一条信息，说明这个日期是个神奇的日期；否则显示一条信息，说明这个日期并不是神奇的日期。

4. 某软件公司的一款游戏零售价为 99 美元，批量购买折扣如下：

购买数量	折扣
10~19	10%
20~49	20%
50~99	30%
100或更多	40%

请编写一个程序，提示用户输入其欲购买的数量，显示折扣的金额（如果有的话）和打折后的总价款。

5. 二月通常有 28 天。但如果是闰年，二月就有 29 天。

请编写一个程序，提示用户输入一个年份，然后程序显示该年二月的天数。请根据下列规则来判定闰年：

（1）判断此年份能否被 100 整除。如果能，当且仅当它还能被 400 整除时，该年份是闰年。例如，2000 年是闰年，但 2100 年不是。

（2）如果此年份不能被 100 整除，那么当且仅当它能被 4 整除时，该年份是闰年。例如，2008 年是闰年，但 2009 年不是。

6. 请编写一个循环程序，要求用户输入一系列的正数。用户通过输入一个负数来标记输入结束。在这一系列正数输入完毕后，程序计算并显示它们的和。

7. 假设海平面正以每年 1.6 毫米的速度上升。请编写一个应用程序来显示在未来 25 年间，每年海平面上升的总高度。

8. 在某大学，一名全日制学生每学期的学费是 8000 元。最近，校方宣布在未来的 5 年，学费将每年上涨 3%。请编写一个程序，用循环来计算并显示未来 5 年每学期的学费。

9. 在数学中，记号 n! 代表非负整数 n 的阶乘。而 n 的阶乘是指从 1 到 n 所有非负整数的乘积。

例如：

7!=1×2×3×4×5×6×7=5040 以及 4!=1×2×3×4=24。

请编写一个程序，要求用户输入一个非负整数，然后用循环来计算该数的阶乘，并在最后显示结果。

第 4 章

Python 函数编程

4.1 函数的定义和调用

在 Python 编程的过程中，函数式编程使用很广泛。比如 input()、print()、range()、len() 等，都属于 Python 的内置函数，可以直接在程序体中调用。当然，除了调用这些内置函数以外，Python 也支持用户自定义函数，把一些重复执行的代码、内置函数，以及判断语句放在一起，实现相关的功能。例如 len() 函数主要的作用是直接获取字符串的长度。如果没有 len() 函数，需要如下的代码：

程序 4-1　func_demo1.py

```
str=input("输入一个字符串:")
length=0
for s in str:
    length=length+1
print(length)
```
控制台输入
```
输入一个字符串:Hello World!
```
程序输出
```
12
```

Python 提供了一个功能：将一些常用的代码以固定的格式封装成一个独立的模块。在操作时，我们只需要知道这个模块的名称就可以无限次地使用它。我们把这样的模块统称为函数（Function）。

我们可以将上述函数进行封装。例如：

```
#自定义my_len()函数
def my_len(str):
    length=0
    for c in str:
        length=length + 1
    return length
#调用自定义的my_len()函数
```

```
length=my_len("http://c.biancheng.net/python/")
print(length)
#再次调用my_len()函数
length=my_len("http://c.biancheng.net/shell/")
print(length)
```
程序输出
```
30
29
```

通常，函数的使用大致分为两步：第一步，定义函数；第二步，调用函数。

4.1.1　Python 函数的定义

我们先了解如何定义一个函数。定义函数也就是创建函数，也可以理解为创建一个解决问题的工具。定义函数时，需要使用关键字"def"。其语法格式如下：

```
def 函数名(参数):
    #实现特定功能的语句块
    [return [返回值]]
```

其中，使用"[]"表示可选的内容，表示在实际编写过程中可以使用，也可以忽略；函数可以设置多个参数，也可以不设置参数，多个参数之间用逗号进行分隔；"[return [返回值]]"整体作为函数的可选参数，主要的作用是设置该函数的返回值。

另外，在创建函数时，即便是这个函数没有参数，也必须保留一对空的括号，否则，Python 解释器会提示语法错误。如果需要定义一个没有任何功能的空函数，我们可以使用 pass 语句作为占位符。下面的例子则定义了两个函数：

```
#定义一个空函数，没有实际意义
def pass_dis():
    pass
#定义一个比较字符串大小的函数
def str_max(str1,str2):
    str=str1 if str1 > str2 else str2
    return str
```

虽然 Python 语言允许定义空函数，但空函数本身并没有实际的意义。函数中的 return 语句可以直接返回一个表达式的值，也可以返回一个变量。若修改上面的 str_max() 函数，则程序如下：

```
def str_max(str1,str2):
    return str1 if str1 > str2 else str2
```

该函数的功能与上面程序里的 str_max() 函数的功能是完全一样的，只不过省略了创建 str 变量，函数的代码更加简洁。

4.1.2　Python 函数的调用

　　调用函数实际上就是执行函数。如果把创建函数比作创造工具，那么，调用函数就是使用工具的过程。调用函数的基本语法格式如下：

```
[返回值]=函数名([形参值])
```

　　创建函数时有多少个形参，调用时就需要往函数中传入多少个值，并且顺序必须跟创建函数时是一致的。即便该函数没有参数，函数名后面的小括号也不能省略。

　　如调用上面创建的 pass_dis() 和 str_max() 函数，程序如下：

```
pass_dis()
strmax=str_max("http://c.biancheng.net/python","http://c.biancheng.net/shell")
print(strmax)
程序输出
http://c.biancheng.net/python
```

4.2　函数的参数

　　在定义函数时，确定了参数的名字和位置后，函数的接口也就完成了。

　　在调用函数时，只需要在函数中传递相关参数，函数内部就会封装解释过程，而用户不需要了解其内部的实现原理。

　　Python 函数的参数主要包含必选参数、默认参数、可变参数和关键字参数。

4.2.1　必选参数

　　必选参数也叫作位置参数，是 Python 函数中最常用的参数，必选参数是调用函数时必须指定的参数值。例如：

```
#定义加法函数plus()，参数a、b是必选参数
def plus(a,b):
    c=a+b
    return(c)
#调用函数plus()时，必须给参数a、b传递值
d=plus(1,2)
#输出结果d
print(d)
程序输出
3
```

如果在调用 plus() 函数时，传入的参数不符合要求，将会发生错误。例如：

```
>>d=plus()
TypeError:plus() missing 2 required positional arguments:'a' and 'b'

>>d=plus()
TypeError:plus() missing 1 required positional argument
```

4.2.2　默认参数

默认参数只给函数提供默认参数值，意味着如果我们在调用函数时没有传递参数值，函数就会使用默认的参数值。需要特别注意的是：默认参数必须定义在参数的末尾。另外，默认参数只能在定义的时候赋值，当该函数被多次调用，并且没有提供默认的参数值时，将会从定义的位置重新赋值。即使重新给默认参数赋值，下次调用还是会从定义赋值的地方取值。例如：

```
i=5
def function(argument=i)
    print(argument)
i=6
function()
程序输出
5
```

当默认参数是可变类型，如列表（list）或字典（dict）等，需要注意：

```
def function2(a,l=[]):
    l.append(a)        #向列表添加元素
    return l
print(function2(1))
print(function2(1,[]))
print(function2(3))
程序输出
[1]
[1]
[1,3]
```

4.2.3　可变参数

定义函数时，若无法确定函数应该包含多少个参数，可以使用可变参数。例如：

```
#定义plus()函数，完成的功能是返回输入的整数之和
#参数numbers是可变参数，表示输入的参数个数可以为任意值
def plus(*numbers);
    add=0
    for i in numbers:
        add +=i
```

```
        return(add)
#调用3次plus()函数，每次的参数个数都不相同
d1=plus(1,2,3)
d2=plus(1,2,3,4)
d3=plus(1,3,5,7,9)
#可以向函数中传递任意个数的参数，包括0个参数
d4=plus()
#输出结果
print(d1)
print(d2)
print(d3)
print(d4)
程序输出
6
10
25
0
```

在上面的代码中，numbers 作为可变参数，需要在其前面加上运算符 "*"。在函数结构体的内部，可变参数 numbers 接受的第一个参数是一个元组。调用参数是可变参数的函数时，可以给该函数传递多个参数，也可以传递 0 个参数。

4.2.4 关键字参数

在 Python 函数式编程中，允许用户在调用函数时传入多个参数，这些可变参数将会在函数调用时组装成一个元组。关键字参数也允许我们传入任意个含有参数名的参数，这些参数在函数调用时会组装成一个字典。也就是说，关键字参数将任意长度的键值对作为参数传递给函数。例如：

```
#定义一个包含关键字参数的函数，返回值为参数值
def plus( **kw ):
     return kw
#调用plus()函数，参数值为空
d1=plus()
#调用plus()函数，参数值为x=1
d2=plus(x=1)
#调用plus()函数，参数值为x=1,y=2
d3=plus(x=1,y=2)
#输出d1,d2,d3
print(d1)
print(d2)
print(d3)
程序输出
{}
{'x',1}
{'x':1,'y':2}
```

从上面的例子中我们可以看出，kw 是一个关键字参数。关键字参数前面用两个"*"表示。关键字参数可以扩展函数的功能，使得参数的传递过程更加简便。例如：

```
#定义一个plus()函数，有三个参数，返回值是三个参数之和
def plus(x,y,z):
    return x+y+z
#有一个dict列表，其中三个键的值分别为1、2、3
dict={'x':1,'y':2,'z':3}
#将dict列表中的三个值传入plus()函数中，得到返回值d
d=plus(dict['x'],dict['y'],dict['z'])
#输出d
print(d)
程序输出
6
```

在上面的例子中，直接将字典中的值向 plus() 函数中传递的方法非常复杂。因此，可以采取关键字参数的方法将其传递进去。例如：

```
#定义一个plus()函数，有三个参数，返回值是三个参数之和
def plus(x,y,z):
    return x+y+z
#有一个dict列表，其中三个键的值分别为1、2、3
dict={x:1,y:2,z:3}
#用关键字参数的方法将dict列表中的三个值传入plus()函数中，得到返回值d
d=plus(**dict)
#输出d
print(d)
程序输出
6
```

使用关键字参数"**dict"的方法，结果与之前相同，这种方法可以大大提高参数在函数中传递的效率。

4.2.5　参数组合

在定义函数的过程中，可以同时用到必选参数、默认参数、可变参数、关键字参数中的一种或者多种。但是，需要特别注意的是，这四种参数在使用的过程中是有先后顺序的。顺序依次是：必选参数、默认参数、可变参数和关键字参数。例如：

```
#定义一个包含必选参数、默认参数、可变参数和关键字参数的函数plus()
def plus(x,y,z=0, *args, **kw):
    print("x=",x)
    print("y=",y)
    print("z=",z)
    print("args=",args)
    print("kw=",kw)
#调用函数plus()，输入两个参数1、2
```

```
plus(1,2)
程序输出
x=1
y=2
z=0
args={}
kw={}
```

在上述代码中,我们在 plus() 函数中传入了两个必选参数 1 和 2。但在默认参数、可变参数和关键字参数位置，可以不提供参数值。用户可以给默认参数、可变参数和关键字参数传递值。例如：

```
#定义一个包含必选参数、默认参数、可变参数和关键字参数的函数plus()
def plus(x,y,z=0,*args,**kwargs):
    print('x=',x)
    print('y=',y)
    print('z=',z)
    print('args=', args)
    print('kwargs=',kwargs)
#调用函数plus()，输入参数x=1,y=2,z=3,args=(4,5,6),kwargs={}
plus(1,2,3,(4,5,6))
print('\n')
#调用函数plus()，输入参数x=1,y=2,z=3,args=(4,5,6),kwargs={'k':7, 'm':8}
plus(1,2,3,4,5,6,k=7, m=8)
程序输出
x=1
y=2
z=3
args=((4,5,6),)
kwargs={}

x=1
y=2
z=3
args=(4,5,6)
kwargs={'k':7,'m':8}
```

接下来，我们看几个例子：

程序 4-2 func_demo2.py

```
#输入两个数值并设计一个函数，比较它们的大小关系并输出
num1=int(input("输入第一个数:"))
num2=int(input("输入第二个数:"))
    def compare_number(a,b):
#定义函数并设置传入参数
    if a>b:
        print("{0}>{1}".format(a,b))
    elif a==b:
```

```
            print("{0}={1}".format(a,b))
        else:
            print("{0}<{1}".format(a,b))
compare_number(num1,num2)#调用函数并传递参数
```

控制台输入
输入第一个数:10
输入第二个数:5

程序输出
10>5

程序 4-3 func_demo3.py

```
#用户在控制台输入一个数值n，设计函数计算前n项的平方和
n=int(input("输入一个数值n:"))
def power_add(n): #定义函数
    #定义总和
    sum=0
    #for循环遍历
    for i in range(1,n+1):
        sum=sum+pow(i,2) #pow(i,2)表示i的平方，pow(a,b)表示a的b次方
    print("前n项的平方和为",sum)
#调用函数
power_add(n)
```

控制台输入
输入一个数值n:20

程序输出
前n项的平方和为2870

程序 4-4 func_demo4.py

```
'''
用户在控制台输入一个字符串，将它们分割成单个字符并按照ASCII编码值的大小
输出
'''
string=input("输入一个字符串:")
#定义函数
def split_string(string):
    str_list=[] #创建一个空列表，用来存储字符
    for str in string:
        str_list.append(str) #将字符串分割成单个字符添加到列表中
#实现排序
for i in range(0,len(str_list)-1):
    #冒泡排序法实现
    for j in range(0,len(str_list)-i-1):
        if str_list[j]<str_list[j+1]:
            str_list[j],str_list[j+1]=str_list[j+1],str_list[j] #交换两个变量的值
#输出字符" "，并按照ASCII码值进行排序
for str in str_list:
    #格式控制
```

```
        if str !=str_list[-1] :
            if str==" ":
                str="空格"
            print(str,end='>')
        else:
            if str==" ":
                str="空格"
            print(str)
split_string(string) #调用函数
```
控制台输入
输入一个字符串:Hello World!
程序输出
r>o>o>l>l>l>e>d>W>H>!>空格

4.3　函数返回值

函数的返回值是函数执行后得到的值，也就是使用 return 关键字后函数所返回的值。

return 关键字返回 return 里面表示的值，该值可以被变量引用，可以作为新的变量在后续程序中使用。

我们要先定义函数，然后再调用。

4.3.1　指定返回值和隐含返回值

在函数结构体中，如果使用了 return 语句指定返回值，那么，返回值就是所指定的返回值。当函数体中没有 return 语句时，那么，函数将在运行结束后使用 None 作为该函数的返回值，该返回值的类型是 NoneType，与 return、return None 的效果一样，都是返回 None。

指定 return 返回值的函数，例如：

```
def showplus(x):
    print(x)
    #返回x + 1
    return x + 1
num=showplus(6)
add=num + 2
print(add)
```
程序输出
6
9

函数中隐含 return None 的程序，如：

```
def showplus(x):
    #没有使用return，使用print输出x
    print(x)
num=showplus(6)
print(num)
print(type(num))
程序输出
6
None
<class 'NoneType'>
```

4.3.2　return 语句的位置和多条 return 语句

当我们在函数中使用 return 语句返回"返回值"时，可以返回作为其他变量的引用值。但在实际开发的过程中，会有不同的情况，返回不同的值。这时，就需要使用多条 return 语句。当一种情况执行时，另一种情况的返回值就会默认设置为 None，返回值的类型也就变成 NoneType。例如：

```
def showplus(x):
    print(x)
    return x + 1
    print(x+1)          #该语句会执行什么
print(showplus(6))
程序输出
6
7
```

4.3.3　返回值类型

在 Python 编程中，无论函数的返回值是什么类型，return 只会返回单值。也就是说，return 可以返回列表、字符串和字典等数据类型。列表可以包含多个元素，如"return [1,3,5]"，返回的是一个列表对象，"1,3,5"是这个列表中的三个元素；return [1,3,5] 看似返回了多个值，但"1,3,5"也会被 Python 解释器隐式地封装成一个元组后返回。例如：

```
def showlist():
    return [1,3,5]          #含多个元素时，返回的是什么类型
print(type(showlist()))
print(showlist())
程序输出
<class 'list'>
[1,3,5]
```

含多个值时，不指定类型，如：

```
def showlist():
    return 2,4,6        #含多个值时，不指定类型
print(type(showlist()))
print(showlist())
程序输出
<class 'tuple'>
(2,4,6)
```

4.3.4　函数嵌套

函数有可见范围（内外可见关系），这就是作用域的概念。内部函数不会被外部
函数直接调用，会抛出 NameError 异常。例如：

```
def outer():
    def inner():            #可以理解为内部函数
        print('inner')
    print('outer')
outer()
程序输出
outer
```

如果此时调用 outer() 函数，只会执行 print("outer") 语句，因为 inner() 函数虽
然在 outer() 函数内部，但它也是函数，如果要调用，就必须使用"函数名 ()"的方
式。例如：

```
def outer():
  def inner():
    print('inner')
  print('outer')
  inner()
outer()
程序输出
outer
inner
```

4.4　作用域

上一节中，我们提到了一个词——作用域。作用域是指函数所使用的命名空间，
Python 对变量的创建、修改和查找都是在这个命名空间里面实现的。变量在赋值创
建的时候，代码赋值的位置决定了变量存储的空间。

对于函数而言，其为程序添加了一个额外的命名空间层，使变量名之间的冲突最小化。在默认的情况下，函数内被赋值的所有变量名都与该函数的命名空间相互关联，这也就意味着：第一点，在函数体内被赋值的变量也只能在函数体内被调用执行，不能在函数体外调用；第二点，在函数体内的变量名不会与函数体外的变量名产生冲突（即使它们的名称相同，也表示两个不同的变量）；第三点，如果一个变量在函数体内被赋值，这就意味着这个变量是函数的一部分，如果一个变量在函数体外被赋值，那么它就不是函数的一部分，对于整个程序是全局的，也就是我们常说的全局变量。由此可见，一个变量的作用域取决于它在整个程序中被赋值的位置，与是否被函数调用无关。

1.作用域解析

和判断语句一样，函数体的命名空间是可嵌套的，这便保证了函数体内部的变量不会和函数体外的变量产生冲突。函数定义了局部作用域，而模块定义了全局作用域。

外围模块是全局作用域，这个变量在整个程序中都是全局变量，全局作用域的范围只限于单个文件。Python 中不存在一个文件的单一全局作用域的概念，全局作用域是相对于模块来说的。

在函数体内被赋值的变量除非使用关键字 global 或 nonlocal，否则这些变量都会被视为局部变量。

函数在每次调用的过程中都会创建一个新的局部作用域。局部作用域和上次调用的函数相比，每次激活都会让调用的函数具有单独的局部变量副本。

需要注意的是：一个函数体内部的任何变量赋值都会被认定为局部的，包括赋值语句。使用 import 关键字导入模块，使用 def 定义嵌套函数。如果以任何方式去赋值调用，它们都会默认为该函数的局部名称。但是，对象在原位置的改变并不会把变量划分为局部变量，只有对变量赋值才可以。比如：A 在程序顶层被赋值为列表，函数内类似 A.append(Z) 的语句并不会将变量 A 划分为局部变量，而 A=Z 却可以。append() 函数可以修改对象，而 "=" 是赋值操作，修改对象并不等同于对变量赋值。

2.变量名解析：LEGB规则

LEGB 规则就是对变量名的一种解析机制，它是由作用域的命名产生的。在默认的情况下，变量赋值会创建并改变局部变量。变量名的引用最多可以在四种作用域内进行：首先是局部，其次是外层的函数，之后是全局，最后是内置。使用 global 和 nonlocal 关键字声明的变量名，将被赋值的变量名分别映射到外围模块和函数的作用域，变成全局作用域。

3.内置作用域

内置作用域是一个名为 builtins 的内置模块，需要导入后才能使用。

4.global 语句

global 关键字可以将局部变量声明为全局变量。什么是全局变量呢？全局变量就是在程序顶层中被赋值的变量名，如果想要在函数体外使用函数体内的变量，就必须用 global 语句声明全局变量。全局变量名在函数的内部不经过声明也可以被引用。

4.5   Python 匿名函数（lambda）

在 Python 语言中，除了 def 关键字可以创建函数外，lambda 关键字也可以创建。这里的函数我们称为匿名函数。

lambda() 函数可以接收任意数量的参数，但是它只会返回一个值，lambda() 函数是一个函数对象，可以将它直接赋值给一个变量，这个变量也会变成函数对象。其语法格式为：

```
lambda 参数：表达式
```

先写 lambda 关键字，然后依次写匿名函数的参数，多个参数中间用逗号连接，接着是一个冒号，冒号后面写返回的表达式。

使用 lambda() 函数可以省去定义函数的过程，在写函数的同时使用函数即可。其使用的情况有：

需要将一个函数对象作为参数传递时，可以直接定义一个 lambda() 函数（作为函数的参数或返回值）。

当有多个参数和一个返回值，并且只有一个地方会使用这个函数，其他地方不会再次使用时，在符合 lambda() 函数使用的情形时，可以使用 lambda() 函数。

为了提高代码的可读性，lambda() 函数可以与一些 Python 的内置函数配合使用。

4.5.1   匿名函数与普通函数对比

```
#普通函数
def sum_func(a,b,c):
    return a + b + c
#匿名函数
sum_lambda=lambda a,b,c:a + b + c
```

```
#输出值
print(sum_func(1,100,10000))
print(sum_lambda(1,100,10000))
程序输出
10101
10101
```

从上述代码中可以看出，lambda 关键字适用于创建多个参数、一个返回值的函数，最后可以用一个变量去接收。这个变量就是一个函数对象。执行这些函数和执行普通函数的过程一样。相较而言，lambda() 函数比普通函数更简洁，且不用声明函数名。

4.5.2　匿名函数的优点

在程序设计过程中，有一些脚本可以使用 lambda() 函数省略创建函数的过程，使代码更加精简。

对于一些比较抽象的，也不会被其他地方返回调用的函数，可以使用 lambda() 函数创建。使用时不需要考虑函数命名的问题。

在某些时候，使用 lambda() 函数，代码更容易理解。

4.5.3　匿名函数的多种形式

```
#无参数
lambda_a=lambda:100
print(lambda_a())
#一个参数
lambda_b=lambda num:num * 10
print(lambda_b(5))
#多个参数
lambda_c=lambda a, b, c, d:a + b + c + d
print(lambda_c(1,2,3,4))
#表达式分支
lambda_d=lambda x:x if x%2==0 else x + 1
print(lambda_d(6))
print(lambda_d(7))
程序输出
100
50
10
6
8
```

从上面的代码中可以发现，lambda() 函数中的参数可以是任意数量（可以是 0 个），并且它的返回值可以是很复杂的表达式。

4.5.4　lambda 作为一个参数传递

```
def sub_func(a,b,func):
    print('a=',a)
    print('b=',b)
    #使用lambda()函数
    print('a-b=',func(a,b))
sub_func(100,1,lambda a,b:a-b)
```
程序输出
```
a=100
b=1
a-b=99
```

　　从上面的代码中可以发现，sub_func() 函数中只需要传入一个函数，然后再执行这个函数。这时就可以使用 lambda() 函数，因为 lambda 就是一个函数对象。

4.5.5　lambda() 函数与 Python 内置函数配合使用

```
member_list=[
            {"name":"张三丰", "age":97, "power":12000},
            {"name":"郭靖", "age":40, "power":8000},
            {"name":"小龙女", "age":30, "power":10000}
            ]
#排序函数sorted()
new_list=sorted(member_list, key=lambda dict_: dict_["power"])
print(new_list)
#创建列表
number_list=[100,77,69,31,44,56]
#类型转换函数map()
num_sun=list(map(lambda x:{str(x):x}, number_list))
print(num_sun)
```
程序输出
```
[{"name":"郭靖",'age':40,"power":8000},{"name":"小龙女",'age':30, "power":10000},
{ "name":"张三丰",'age': 97,"power":12000}]
[{'100':100}, {'77':77}, {'69':69}, {'31':31},{'44':44}, {'56':56}]
```

　　上面的 sorted() 函数是对列表进行排序的内置函数，我们使用 lambda 获取排序的 key。

　　在 Python 中，实现映射可以使用 map() 函数。map() 函数有两个参数。第一个参数是一个函数，第二个参数是一个可以迭代的对象（如列表），map() 函数会遍历可迭代对象中的所有值，然后依次将这些值传递给函数去执行。

4.5.6　lambda 作为函数的返回值

```
def run_func(a,b):
```

```
        return lambda c:a + b + c
return_func=run_func(1,10000)
print(return_func)
print(return_func(100))
```
程序输出
```
<function run_func.<locals>.<lambda> at 0x106ff5000>
10101
```

匿名函数也可以作为函数的返回值。在上述代码中，run_func() 函数的返回值是 lambda() 函数，当执行这个函数时，就会得到 lambda() 函数的结果。这里需要注意的是：其中 "(a,b)" 中的 a、b 都是 run_func() 函数中的参数。但当我们执行返回的 return_func() 函数时，它们就已经不在 run_func() 函数的作用域范围内了。而 lambda() 函数仍然能使用参数 a、b，说明 lambda() 函数会将之前函数的返回值在运行环境中保存一份，一直保存到它执行的时候使用。

4.6　其他高阶函数

4.6.1　map() 函数

map() 函数是 Python 内置的高阶函数，它接收一个函数 f 和一个列表（list），通过把函数 f 依次作用在列表（list）的每个元素上，得到一个新的列表（list）并返回。例如：

```
def f(x):
    return x*x
result=map(f, [1,2,3,4,5,6,7])
print(list(result))
```
程序输出
```
[1, 4, 9, 16, 25, 36, 49]
```

4.6.2　reduce() 函数

reduce() 函数也是 Python 内置的高阶函数。reduce() 函数接收的参数和 map() 函数类似，即一个函数、一个可迭代对象，但它们对参数传递的要求不一样。reduce() 函数在传递参数时，必须接收两个参数，且可迭代对象中的每个元素都返回调用 f，并返回最终结果值。

```
#导入reduce()函数
from functools import reduce
```

```
def f(x, y):
    #返回值
    return x*y
print(reduce(f,[1,2,3,4])) #1*2*3*4=24
#给初始值
def f1(a, b):
    return a + b
print(reduce(f1,[1,2,3,4],10)) #1+2+3+4+10,这里的第三个参数是作为初始值的
```
程序输出
```
24
240
```

4.6.3   filter() 函数

filter() 函数也是 Python 内置的高阶函数，它接收一个函数和一个可迭代对象。这个函数的作用是对可迭代对象中的每个元素进行判断，返回 True 或 False。filter() 函数根据条件表达式判断结果，自动删除不符合条件的一些元素，返回由符合条件元素组成的可迭代对象。例如：

```
def is_odd(x):
    return x%2==1
print(list(filter(is_odd,[1,2,3,4,5,6,7])))
```
程序输出
```
[1,3,5,7]
```

4.6.4   sorted() 函数

sorted() 函数也是 Python 内置的高阶函数，sorted() 函数对传入的可迭代对象进行排序操作。sort() 函数与 sorted() 函数的主要区别在于：sort() 函数只能被用在列表中，而 sorted() 函数可以对所有的可迭代对象进行排序操作。

列表中的 sort() 函数返回的是已经存在的列表，而内置函数 sorted() 则是返回一个新的列表，并不是在原有的基础上操作。

其语法格式为：

```
sorted(iterable [,cmp[,key[,reverse]]])
```

参数说明：

iterable：可迭代对象。

cmp：用于需要比较的函数，有两个参数，参数中的值都是从可迭代对象中获取的。这个函数必须遵守的规则为：大于则返回 1，小于则返回 −1，等于则返回 0。

key：用于需要比较的元素，只有一个参数传递，具体的参数传递取决于实际排序的可迭代对象需要进行排序的元素。

reverse：排序规则为 reverse=True 降序，reverse=False 升序（默认）。

返回值：返回重新排序的列表。

```
>>>a=[5,7,6,3,4,1,2]
>>>b=sorted(a) #保留原列表
>>> a=[5,7,6,3,4,1,2]
>>> b
[1,2,3,4,5,6,7]

>>>L=[('b',2),('a',1),('c',3),('d',4)]
>>> sorted(L, cmp=lambda x,y:cmp(x[1],y[1]) #利用cmp()函数
[('a',1), ('b',2), ('c',3), ('d',4)]
>>> sorted( L, key=lambda x:x[1]) #利用key
[('a',1), ('b',2), ('c',3),('d',4)]
>>> students=[('John','A',15),('Jane','B',12),('Dave','B',10)]
>>> sorted(students, key=lambda s:s[2])
#按年龄排序
('Dave','B',10),('Jane','B',12),('John','A',15)]
>>> sorted( students, key=lambda s:s[2], reverse=True) #按年龄降序
[('John','A',15),('Jane','B',12),('Dave','B',10)]
```

4.7　随机库 :random

4.7.1　标准库函数和 import 语句

与绝大多数的编程语言一样，Python 也为程序员准备了自带的标准函数库，又称库函数。这些函数让程序员的工作变得更加轻松，程序员可以使用它们完成许多常见的任务。在前面的章节中，我们已经了解了很多库函数，如 print()、input() 和 range() 函数等。

Python 中的一些函数，都内置在 Python 的解释器中。需要使用时，只需要调用即可。标准库中的许多函数都存储在模块（module）中，这些模块在安装 Python 时会复制到我们的计算机中，也就是标准库函数。例如：把用于数学操作中的函数存储在一个模块内，把用于处理文件的函数存储在另外一个模块内。

为了调用模块内的函数，必须在开始编写程序时写一条 import 语句声明，来说明该函数的模块名称。例如：其中一个标准模块是 math，该模块包括与浮点数计算相关的各种数学函数。如果在程序中使用 math 模块中的任意函数，就需要在开始

编写程序时使用 import 语句声明。如：

```
import math
```

该声明使得解释器将 math 模块中的内容加载到内存中，并使得 math 模块中的所有函数对程序可用。

由于我们无法看到库函数的内部工作过程，很多程序员都将其视为"黑盒子"。"黑盒子"用于描述一种机制，接受输入。使用输入执行一些操作（无法看到），并产生输出。如图 4-1 所示。

输入 ⟹ 库函数 ⟹ 输出

图4-1　黑盒子视图下的库函数

4.7.2　产生随机数

许多不同的编程任务都需要用到随机数。如手机游戏中的抽奖机制，就是由随机数来控制获奖的概率；在一些模拟程序中，计算机必须随机决定一个人、动物等如何动作，这时就可以使用随机数对公式进行构造，确定程序中发生的各种动作和事件；在统计程序中，随机数被用于对随机选择的数据进行分析；在计算机安全领域，随机数常用来加密敏感数据。

Python 提供了几个用于处理随机数的库函数。在使用这些库函数之前，需要编写 import 语句声明。如：

```
import random
```

该声明让解释器将 random 模块的内容加载到内存中。这使得 random 模块中的所有函数都可以被程序调用。第一个产生随机数的函数名为 randint()，在 random 模块中使用 randint() 函数，需要用符号"."来表示对它的引用，该函数名为 random.randint()。在点的左侧是模块名称，右侧是函数名称。

下面是一个调用 randint() 函数的例子：

```
number=random.randint(1,10)
```

读取 random.randint(1,10) 的语句部分是对 randint() 函数的一次调用。需要注意的是，函数内有两个参数：1 和 10。这两个参数告诉函数给出 1~10 之间的随机整数（值 1 和 10 包含在范围内）。图 4-2 展示了这条语句。

当调用该函数时，它会生成 1~10 之间的随机整数并返回。返回的值会赋给 number 变量。如图 4-3 所示。

程序 4-5 展示了一个使用 randint() 函数的程序。第二行的语句生成了一个 1~100 范围内的随机数，并将其赋值给 number 变量。

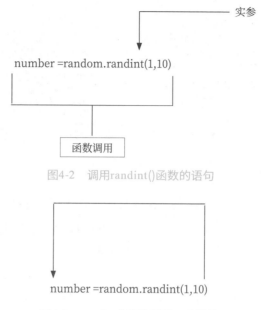

图4-2　调用randint()函数的语句

图4-3　randint()函数返回一个数值

程序 4-5　random_demo1.py

```
#使用random的库函数产生一个1~100范围内的整数
#导入random模块
import random
#产生随机数
random_number=random.randint(1,100)
#输出随机数
print("产生的随机数为",random_number)
```
程序输出
产生的随机数为16

程序 4-6 创建了一个随机数数组，并对该随机数数组排序后输出（随机数的范围为 1~100）。

程序 4-6　random_demo2.py

```
#创建一个随机数数组，并对该数组排序
import random          #导入模块
random_list=[]         #创建数组
for i in range(10):    #设置10个随机数
    random_number=random.randint(1,100)
```

```
        random_list.append(random_number)        #将随机数添加到列表中
#原数组
print("原数组为",random_list)
for i in range(0,len(random_list)-1):
        #使用冒泡排序法进行排序
        for j in range(0,len(random_list)-i-1):
                if random_list[j]>random_list[j+1]:
                        random_list[j],random_list[j+1]=random_list[j+1],random_list[j]
#输出排序后的列表
print("排序后的数组为",random_list)
```

程序输出

原数组为[10, 51, 29, 27, 34, 24, 4, 43, 82, 36]

排序后的数组为[4, 10, 24, 27, 29, 34, 36, 43, 51, 82]

4.7.3　random()、randrange()、uniform() 函数

标准库中的 random 模块还包含许多与处理随机数有关的函数。除了 randint() 函数，randrange() 函数、random() 函数和 uniform() 函数都非常有用。在使用这些函数时，需要在程序前添加 import random 语句。

randrange() 函数与 range() 函数使用相同的参数，不同的是，randrange() 函数不返回数值的列表，而是返回一个从数值序列中随机选出的值。

如下面这条语句，将 0 到 99 中的一个随机数赋值给 number 变量。

```
number=random.randrange(100)
```

该函数中，参数 100 表示数值序列的结尾。该函数将从数值 0 开始到 100（不包括 100）的序列中返回一个随机选出的数字。下面这条语句指定了数值序列的起始值和结束限制：

```
number=random.randrange(1,20)
```

执行这条语句后，将从 1 到 19 范围内选出一个随机数，并将其赋值给 number 变量。下面这条语句指定了起始值、结束限制和步长值：

```
number=random.randrange(0,101,10)
```

在这条语句中，randrange() 函数返回从以下数值序列中随机选出的一个数值：[0,10,20,30,40,50,60,70,80,90,100]。randint() 函数和 randrange() 函数均返回一个整数。

random() 函数返回一个随机的浮点数，random() 函数不需要传递任何的参数。当我们调用它时，它返回从 0.0 到 1.0（不包括 1.0）中的一个随机浮点数。如：

```
>>> import random
>>> number=random.random()
>>> number
0.9363875958238682
```

uniform() 函数则返回一个随机的浮点数，我们可以指定数值的范围。如：

```
>>> import random
>>> number=random.uniform(1.0,10.0)
>>> number
8.573308790628579
```

执行上面的语句后，uniform() 函数返回从 1.0 到 10.0 中的一个随机浮点数，并将其分配给变量 number。

程序 4-7 创建了一个随机的浮点数列表，并对列表里面的所有值保留两位小数后排序输出。

程序 4-7   random_demo3.py

```
#创建一个随机的浮点数数组，然后排序输出
import random          #导入模块
random_list=[]          #创建数组
for i in range(10):      #设置10个随机数
    random_number=random.uniform(1.0,10.0)
    #将随机数浮点数添加到列表中，并保留两位小数
    random_list.append(round(random_number,2))
#原数组
print("原数组",random_list)
for i in range(0,len(random_list)-1):
    #使用冒泡排序法进行排序
    for j in range(0,len(random_list)-i-1):
        if random_list[j]<random_list[j+1]:
            random_list[j],random_list[j+1]=random_list[j+1],random_list[j]
#输出排序后的列表
print("排序后的数组",random_list)
```
程序输出
```
原数组[3.76, 6.08, 6.59, 8.00, 6.04, 9.40, 7.93, 9.57, 2.59, 5.12]
排序后的数组[9.57, 9.40, 8.00, 7.93, 6.59, 6.08, 6.04, 5.12, 3.76, 2.59]
```

4.7.4   随机数种子

使用 random 模块中的函数创建的数字不是真正的随机数。虽然我们通常将它们称为随机数，但实际上，它们是按照公式计算出来的伪随机数（pseudo random number）。产生随机数的公式必须用一个称为种子值（seed value）的数值进行初始化，种子值用于计算下一个返回的随机数。当导入 random 模块时，它从计算机内部的时钟处获取系统时间，并将其作为种子值。

系统时间是用来表示当前日期和时间的一个整数，精确到 0.01 秒。如果一直使用相同的种子值，随机数函数将始终生成相同的伪随机数序列，因为每 0.01 秒后，

系统时间都会发生变化，所以每次导入 random 模块是相当安全的，可以保证产生不同的随机数序列。但在一些应用程序中，需要生成相同的随机数序列，这时，我们就可以调用 random.seed() 函数来指定种子值。

下面这个例子，将 10 指定为种子值。如果程序调用 random.seed() 函数，并且每次运行时都使用相同的值作为参数，那么，它就会一直产生相同的伪随机数序列。

```
>>>import random
>>>random.seed(10)
>>>random.randint(1,100)
25
>>>random.randint(1,100)
40
>>>random.randint(1,100)
25
>>>random.randint(1,100)
71
```

在第一行，我们导入了 random 模块。在第二行，我们调用了 random.seed() 函数，并将 10 作为种子值；在第三、五、七、九行，我们调用了 random.randint() 函数，获得 1~100 范围内的伪随机数。可以看到，函数给出了数字 25、40、25 和 71。如果我们开始一个新的互动会话并重复这些语句，还会得到相同的伪随机数序列，如下所示：

```
>>>import random
>>>random.seed(10)
>>>random.randint(1,100)
25
>>>random.randint(1,100)
40
>>>random.randint(1,100)
25
>>>random.randint(1,100)
71
```

习　题

选择题（可能存在多个答案）

1.＿＿＿是变量可被访问的程序部分。

　　A. 声明空间　　　B. 可见区域　　　C. 作用域　　　D. 模式

2.＿＿是发送到函数的数据。

　　A. 实参　　　B. 形参　　　C. 头部　　　D. 报文

3.＿＿是在函数调用时用来接收数据的特殊变量。

　　A. 实参　　　B. 形参　　　C. 头部　　　D. 报文

4. 下面＿＿是指预先编写的内置于编程语言中的函数。

　　A. 标准函数　　　B. 库函数　　　C. 定制函数　　　D. 自助函数

5. 标准库函数＿＿在指定范围内返回一个随机整数。

　　A.random()　　　B.randint()　　　C.random_integer()　　　D.uniform()

6. 下面＿＿标准库函数在指定范围内返回一个随机浮点数。

　　A.random()　　　B.randint()　　　C.random_integer()　　　D.uniform()

7. 下面＿＿语句使得函数终止并向调用它的程序部分返回一个值。

　　A.end　　　B.send　　　C.exit　　　D.return

程序题

1. 编写一个程序，要求用户输入一段距离（以公里为单位），将其转换为英里，转换公式如下：

　　Miles=Kilometers×0.6212

2. 许多金融专家提醒，业主应当为他们的物业投保财产险，投保额应不低于物业更换结构成本价值的 80%。编写程序，要求用户输入物业的更换成本，然后显示业主应该购买财产险的最小金额。

3. 一家健身俱乐部的营养学家通过评估饮食来帮助俱乐部成员。作为评估的一部分，会询问成员在一天内摄入的脂肪和碳水化合物的质量（克），然后用下面的公式计算脂肪产生的卡路里：calories from fat=fat_grams×9，又用下面的公式计算碳水化合物产生的卡路里：calories from carbs=carbs_grams×4。现在，营养学家要求你编写一个程序来进行以上计算。

4. 体育场有三种类型的座位。A 类座位票价 20 元，B 类座位票价 15 元，C 类座位票价 10 元。编写一个程序，要求输入每种类型的座位卖出的数量，然后显示门票带来的销售收入。

5. 素数是仅可以被自身和 1 整除的数字。如 5 是素数，因为它只能被 1 和 5 整除。6 不是素数，因为它可以被 1、2、3 和 6 整除。编写一个名为 is_prime 的布尔函数，将一个整数作为参数，如果该参数是素数，则返回 True，否则返回 False。

提示：回想一下，% 操作符是将两个数相除并返回余数。例如，表达式 num1%num2，如果 num1 可以被 num2 整除，则该表达式返回 0。

6. 假设你在储蓄账户中有一部分钱以按月复利的方式获得利息，计算若干月后账户中的金额。计算公式为：$F = P \times (1+i)^t$，公式中各项的含义：F 是一段时间后账户的未来价值，P 是账户的现值，i 是月利率，t 是月份数。

编写一个程序，提示用户输入账户的现值、月利率和钱存在账户中的月份数。该程序将这些值传递到函数，返回指定月数后账户的未来价值。该程序将显示账户的未来价值。

列表与元组

5.1 序列

序列是保存多个数据项的对象。数据一个接着一个存储到序列中，可以对序列中的元素进行检查和操作。

Python 提供了各种方式对存储在序列中的元素进行操作。Python 中也有多种不同类型的序列对象。本章讲了两种基本的序列类型：列表和元组。列表和元组是可以容纳各种类型数据的序列。

列表和元组之间的区别是：列表可以改变，这意味着我们可以通过程序修改列表中的元素；元组无法被改变，这意味着一旦创建了元组，它的内容便不能被程序修改。

本章会介绍一些对序列的操作，包括访问和操纵其列表、元组内容的方法。

5.2 列表的简介

列表是包含多个数据项对象的一种数据类型，存储在列表中的数据项称为元素。列表是一种动态数据结构，可以添加或删除元素。我们可以在程序中使用索引、切片等处理列表的各种方法。

下面是创建一个整数列表的语句：

```
numbers_list=[2,4,6,8,10]
```

括号中用逗号分隔的数据项是列表元素。该语句执行后，numbers_list 变量将引用列表。如图 5-1 所示。

图5-1　整数列表

下面是另一个例子：

```
names= ['Mark', 'Jack', 'Tom', 'Mary','Alice']
```

该语句创建了一个包含了五个字符串的列表。该语句执行后，names 变量将引用列表。如图 5-2 所示。

图5-2　字符串列表

列表也可以容纳不同类型的元素，如下所示：

```
info_list=['Hello',12,1.02]
```

该语句创建了一个包含字符串、整数和浮点数的列表。该语句执行后，info_list 将引用列表。如图 5-3 所示。

图5-3　包含不同类型数据的列表

5.2.1　重复运算符

前面学过使用符号"*"将两个数字相乘。当符号"*"的左侧是一个序列（如列表），右侧是一个整数时，将变成重复操作符。重复操作符会复制出一个列表的多个副本并将它们连接起来。如：

```
list * n
```

其中 list 是列表，n 是复制出来的数目。下面为交互式例子：

```
>>> numbers=[1]*7
[1, 1, 1, 1, 1, 1, 1]
```

在第一行，表达式"[1]*7"复制出"list[1]"的 7 个副本，将它们连接起来形成一个单独的列表。

下面是另外一个交互式例子：

```
>>> numbers=[0,1,2]*3
[0, 1, 2, 0, 1, 2, 0, 1, 2]
```

5.2.2　列表的索引

访问列表中数据的方法是使用索引。列表中的每个元素都有一个指定其在列表中位置的索引。索引从 0 开始，所以第一个元素的索引为 0，第二个元素的索引为 1，以此类推。列表中最后一个元素的索引比列表中元素的数量少 1。如下面这条语句创建了一个包含四个元素的列表：

```
my_1ist=[1,2,3,4]
```

该列表中元素的索引是 0,1,2 和 3。我们可以使用下列语句打印列表中的元素：

```
print(my_1ist[0],my_1ist[1],my_1ist[2],my_1ist[3])
```

下面的循环也可以打印列表中的元素：

```
index=0
while index < 4:
    print(my_list[index])
    index +=1
```

可以使用索引标识列表末尾元素的位置。如索引 -1 标识列表中的最后一个元素，索引 -2 标识倒数第二个元素。例如：

```
my_list=[1,2,3,4]
print(my_list[-1],my_list[-2],my_list[-3],my_list[-4])
```

该例子中，输出结果为：

```
4  3  2  1
```

如果使用了列表的一个无效索引，将会导致 IndexError 异常。例如：

```
my_list=[1,2,3,4]
print(my_list[4])
```

上述程序中，"my_list[4]" 截取的是列表的第五个元素，由于 my_list 中只有四个元素，所以会产生 IndexError 异常。

5.2.3　len() 函数

Python 中有一个名为 len() 的内置函数，它返回一个列表的长度。如下：

```
my_list=[1,2,3,4]
size=len(my_list)
```

第一条语句将列表 [1,2,3,4] 分配给 my_list 变量。第二条语句以 my_list 作为参数调用 len() 函数。该函数返回 4，表示列表中元素的个数，值分配给 size 变量。

使用循环对列表进行迭代时，len() 函数可以防止 IndexError 异常。例如：

```
my_list=[1,2,3,4]
```

```
index=0
while index<len(my_list):
    print(my_list[index])
    index+=1
```

5.2.4　列表是可变的

前文提到过，Python 中的列表是可变的，这意味着它们的元素可以发生改变。因此，list[index] 的表达式可以出现在赋值运算符的左边。如下：

```
numbers=[1,2,3,4,5,6]
print(numbers)
numbers[0]=99
print(numbers)
```

第二行语句的输出结果为：

```
[1,2,3,4,5,6]
```

第三行语句将 99 赋值给 numbers[0]，这会将列表中的第一个元素更改为 99。当执行第四行语句时，程序显示：

```
[99,2,3,4,5,6]
```

程序 5-1　list_demo1.py

```
#创建一个列表，修改列表中的元素并输出
my_list=[1,2,3,4,5]
print("原列表为",my_list)
for i in range(len(my_list)):
    my_list[i]=my_list[len(my_list)-i-1]
    print("修改后的列表为",my_list)
```

程序输出
```
原列表为[1, 2, 3, 4, 5]
修改后的列表为[5, 4, 3, 2, 1]
```

5.2.5　连接列表

列表连接就是将两个列表连接在一起，可以使用加号运算符连接两个列表。如下：

```
list1=[1,2,3,4]
list2=[5,6,7,8]
list 3=list1+list2
```

该语句输出结果为：

```
[1,2,3,4,5,6,7,8]
```

还可以使用"＋＝"赋值运算符将一个列表连接到另一个列表。如下:

```
list1=[1,2,3,4]
list2=[5,6,7,8]
list1 +=1ist2
```

最后一条语句将 list2 追加到 list1。该代码执行后,list2 保持不变,但 list1 变为下面的列表:

```
[1,2,3,4,5,6,7,8]
```

下面看一个例子:创建两个随机数组,将它们拼接后排序输出。

程序 5-2 list_demo2.py

```
#创建两个随机数组
import random
random_list1=[random.randint(1,20) for x in range(5)]
random_list2=[random.randint(1,20) for y in range(5)]
print("数组1:",random_list1)
print("数组2:",random_list2)
random_list3=random_list1+random_list2
print("数组3:",random_list3)
for i in range(0,len(random_list3)-1):
    for j in range(0,len(random_list3)-1-i):
        if random_list3[j]>random_list3[j+1]:
            random_list3[j],random_list3[j+1]=random_list3[j+1],random_list3[j]
print("排序后数组:",random_list3)
程序输出
数组1:[8, 13, 17, 4, 1]
数组2:[15, 16, 10, 19, 3]
数组3:[8, 13, 17, 4, 1, 15, 16, 10, 19, 3]
排序后数组:[1, 3, 4, 8, 10, 13, 15, 16, 17, 19]
```

5.3 列表切片

前面介绍了如何利用索引选择列表的指定元素,如果想要从序列中选择多个元素,可以编写一个表达式,选择序列的子部分,这部分称为切片。

切片是从一个序列中取出的一组元素。从列表中获取切片时,便可以从列表中获得一组元素。要获取一个列表的片段,可以使用以下格式编写表达式:

```
list_name[start : end]
```

其中,start 是切片第一个元素的索引,end 为标记切片结尾的索引。该表达式返回一个列表，包含了从 start 开始到 end 但不包括 end 的元素副本。

　　假设我们创建以下列表：

```
days=['Sunday','Monday','Tuesday','Wednesday','Thursday','Friday','Saturday']
```

　　以下语句使用切片表达式获取从索引 2 开始到索引 5（但不包括 5）的元素：

```
start_days=days[1:4]
```

　　这条语句执行后，结果如下：

```
['Monday', 'Tuesday','Wednesday']
```

　　下面在交互状态下观察列表切片的操作：

```
>>>numbers=[1,2,3,4,5,6]
>>>print(numbers)
[1,2,3,4,5,6]
>>>print(numbers[1:3])
[2:3]
```

　　在第一行中，我们创建了列表 [1,2,3,4,5,6]，并将其分配给 numbers 变量；在第二行中，将 numbers 作为参数传递给 print() 函数，print() 函数在第三行输出 numbers 列表中的值；在第四行中，将切片"numbers[1:3]"作为参数传递给 print() 函数，print() 函数在第五行输出了切片。

　　如果一个切片表达式中 start 的索引为空，Python 会使用 0 作为起始索引。如下：

```
>>>numbers=[1,2,3,4,5,6]
>>>print(numbers)
[1,2,3,4,5,6]
>>>print(numbers[:3])
[1,2,3]
```

　　注意：第四行将 numbers[:3] 作为参数传递给 print() 函数，省略了起始索引。

　　如果一个切片表达式中 end 的索引为空，则 Python 会使用列表的长度作为 end 索引。如下：

```
>>> numbers=[1,2,3,4,5,6]
>>> print(numbers)
[1,2,3,4,5,6]
>>>print(numbers[2:])
[3,4,5,6]
```

　　注意：第四行将"numbers[2:]"作为参数传递给 print() 函数，省略了结束索引，切片包含从索引 2 到列表末尾的所有元素。

　　如果在一个切片表达式中，start 和 end 索引都为空，将得到整个列表的副本。如下：

```
>>> numbers=[1,2,3,4,5,6]
>>> print(numbers)
[1,2,3,4,5,6]
>>> print(numbers[:])
[1,2,3,4,5,6]
```

在切片操作中，还可以设置步长值，使切片操作跳过某些元素。如下：

```
>>>numbers=[1,2,3,4,5,6,7,8,9,10]
>>> print(numbers)
[1,2,3,4,5,6,7,8,9,10]
>>>print(numbers[1:8:2])
[2,4,6,8]
```

在第四行的切片表达式中，括号内的第三个数字是步长值。如本示例中的步长值为 2，使切片从列表的指定范围内间隔地选取元素。还可以在切片表达式中使用负数作为索引，表示列表末尾的位置，将负索引与列表长度相加得到该索引引用的位置。如下：

```
>>> numbers =[1,2,3,4,5,6,7,8,9,10]
>>> print(numbers)
[1,2,3,4,5,6,7,8,9,10]
>>> print(numbers[-5:])
[6,7,8,9,10]
```

注意：无效的索引不会使切片表达式引发异常。

如果 end 索引指定的位置超出了列表的末尾位置，Python 将使用列表长度进行代替；如果 start 索引指定的位置超出了列表的开始位置，Python 将使用 0 进行代替；如果 start 索引比 end 索引大，切片表达式将返回一个空列表。

程序 5-3　list_demo3.py

```
#创建一个随机数组，并对随机数组里面的元素进行切片操作
import random
my_list=[]    #创建一个随机的空列表数组
for i in range(10):      #设置数组的长度
    number=random.randint(1,20)
    my_list.append(number)    #将随机数添加到数组中
print("列表为",my_list)
print("截取全部数:",my_list[:])
print("截取第二个到第五个数:",my_list[2:6])
print("截取倒数的六个数:",my_list[-6:-1])
print("截取从第一个元素开始步长为2的所有数:",my_list[::2])
程序输出
列表为[6, 18, 13, 5, 19, 5, 3, 5, 4, 18]
截取全部数:[6, 18, 13, 5, 19, 5, 3, 5, 4, 18]
```

截取第二个到第五个数:[13, 5, 19, 5]
截取倒数的六个数:[19, 5, 3, 5, 4, 18]
截取从第一个元素开始步长为2的所有数:[6, 13, 19, 3, 4]

5.4　in 操作符

在 Python 语言中，用户可以使用 in 操作符来确定元素是否包含在列表中。下面是使用 in 操作符编写表达式查找列表中元素的一般格式：

item in list

其中，item 是要确定的元素，list 是一个列表。如果 item 在 list 中存在，该表达式返回 True，否则返回 False。

程序 5-4　list_demo4.py

```
#创建一个列表，用户输入三次，分别判断用户三次输入的数据是否存在于列表中
my_list=['a','b','d','word','python','c++','Hello']
for i in range(1,4):
    user_input=input("请输入第"+str(i)+"个数据:")
    if user_input in my_list:
        print("列表中存在该字符串")
    else:
        print("列表中不存在该字符串")
```

程序输入
请输入第1个数据:a
程序输出
列表中存在该字符串
程序输入
请输入第2个数据:hello
程序输出
列表中不存在该字符串
程序输入
请输入第3个数据:c++
程序输出
列表中存在该字符串

当然，我们可以在 in 操作符前添加逻辑运算符 not，判断列表中是否不存在该数据。如下：

```
>>> my_list=['word','hello',12,0.32]
>>> 5 not in my_list
True
```

```
>>> 'word' not in my_list
False
```

5.5 列表的内置函数

列表中的内置函数可以帮助用户添加元素、删除元素、更改元素排序等。下面介绍几个内置函数。如表 5-1 所示。

表5-1 内置函数

方法	描述
index(item)	返回与item值相同的第一个元素的索引。如果在列表中没有找到item，引发ValueError异常
append(item)	将item添加到列表末尾
sort()	将列表中的元素升序排序
remove(item)	从列表中删除出现的第一个item元素。如果不存在item元素，引发ValueError异常
reverse()	反转列表中元素的排序
insert(index,item)	将指定索引位置上的元素及其后的所有元素依次向后移动一个位置。如果我们指定了一个无效索引，不会引发异常。如果指定的位置超过了列表末尾，元素会添加到列表末尾。如果我们使用负索引指定了一个非法索引，元素会添加到列表开始

5.5.1 append() 方法

append() 方法常用于向列表中添加元素，作为参数的元素会追加到列表已有的元素末尾。

程序 5-5 list_demo5.py

```python
#用户输入五个数据，并将数据存到列表中，然后遍历输出
my_list=[]   #创建列表
for i in range(5):
    user_input=input("输入第"+str(i+1)+"个数据:")
    my_list.append(user_input)
#输出列表
```

```
for i in my_list:
    print(my_list(i))  #输出数据
```
程序输入
输入第1个数据:5
输入第2个数据:10
输入第3个数据:hello
输入第4个数据:451
输入第5个数据:word
程序输出
5
10
hello
451
word

注意第二行的语句"my_list=[]"，该语句创建了一个空列表（没有元素的列表），并将其分配给 my_list 变量。在循环中，调用 append() 方法来向列表中添加元素。第一次调用该方法时，传递给它的参数将成为元素 5。第二次调用该方法时，传递给它的参数将成为元素 10。该过程一直继续，直至退出循环。

5.5.2 index() 方法

前面介绍了如何使用 in 操作符判断一个元素是否在列表中，但有时，我们不仅需要知道一个元素是否在一个列表中，还要知道它位于何处。Index() 函数解决了这个问题。

使用 index() 方法传递一个参数，返回包含该元素列表中第一个元素的索引。如果在列表中没有找到该元素，该方法会引发 ValueError 异常。程序 5-6 演示了 index() 方法。

程序 5-6 list_demo6.py

```
#用户输入五个数据并将数据存到列表中，然后在控制台遍历输出数据
my_list=[]    #创建列表
for i in range(5):
    user_input=input("输入第"+str(i+1)+"个数据:")
    my_list.append(user_input)
#输出列表
print(my_list)

for i in my_list:
    print(i+'下标为:'+str(my_list.index(i)))
```
程序输入
输入第1个数据:12
输入第2个数据:python
输入第3个数据:javc

```
输入第4个数据:4124
输入第5个数据:1123
```
程序输出
```
[12, 'python', 'javc', 4124, 1123]
12下标为:0
python下标为:1
javc下标为:2
4124下标为:3
1123下标为:4
```

5.5.3　insert() 方法

Insert() 方法可以帮助我们在列表的特定位置插入一个元素，用 insert() 方法传递两个参数：一个是索引，指定元素应插入的位置，一个是想要插入的元素。如程序 5-7 所示。

程序 5-7　list_demo7.py

```
#创建一个空列表，使用insert()函数向空列表输入五个数据，然后遍历输出列表
import random
my_list=[]
for i in range(5):
    insert_location=random.randint(0,4)
    user_input=input("请输入数据:")
    print("插入到下标为"+str(insert_location)+"的位置")
    my_list.insert(insert_location,user_input)

for v in my_list:
    print(v)
```
程序输出
```
请输入数据:word
插入到下标为1的位置
请输入数据:hello
插入到下标为2的位置
请输入数据:1
插入到下标为3的位置
请输入数据:5
插入到下标为4的位置
请输入数据:20
插入到下标为0的位置
20
word
hello
1
5
```

5.5.4　sort() 方法

使用 sort() 方法重新对列表中的元素进行排序，使它们按升序排列（从最低值到最高值）。如程序 5-8 所示。

程序 5-8　list_demo8.py

```
#用户在控制台输入五个数值，然后用sort()方法排序后输出新列表
my_list=[]
for i in range(1,6):
#输入数据
    input_number=input("输入第"+str(i)+"个数:")
    #添加数据到列表
    my_list.append(int(input_number))
print("原列表",my_list)
#对列表进行排序
my_list.sort()
print("排序后列表",my_list)
程序输入
输入第1个数:10
输入第2个数:66
输入第3个数:42
输入第4个数:8
输入第5个数:12
程序输出
原列表 [10, 66, 42, 8, 12]
排序后列表 [8, 10, 12, 42, 66]
```

sort() 函数也能对字符串进行排序，如程序 5-9 所示。

程序 5-9　list_demo9.py

```
#用户在控制台输入五个字符串，然后用sort()方法进行排序后输出新列表
my_list=[]
for i in range(1,6):
    #输入数据
    input_number=input("输入第"+str(i)+"个字符串:")
    #添加数据到列表
    my_list.append(input_number)
print("原列表",my_list)
#对列表进行排序
my_list.sort()
print("排序后列表",my_list)
程序输入
输入第1个字符串:jack
输入第2个字符串:mark
输入第3个字符串:mary
输入第4个字符串:Jack
```

输入第5个字符串:tom
程序输出
原列表['jack', 'mark', 'mary', 'Jack', 'tom']
排序后列表['Jack', 'jack', 'mark', 'mary', 'tom']

5.5.5　remove() 方法

可以使用 remove() 方法从列表中删除元素，删除包含该参数的第一个元素。这会使列表的大小减 1，被删除元素之后的所有元素都会向前移动一个位置。如果没有在列表中找到该元素，则会引发 ValueError 异常。程序 5-10 演示了该方法。

程序 5-10　list_demo10.py

```
#用户在控制台输入五个数据，然后随机删除两个元素
import random            #导入模块
#创建列表
my_list=[]
for i in range(1,6):
    user_input=input("输入第"+str(i)+"个数据:")
    my_list.append(user_input)
#删除元素前的列表
print(my_list)
#删除数据
for i in range(2):
    index=random.randint(0,len(my_list)-i)
    print("删除了第"+str(index)+"个元素")
    #删除元素
    my_list.remove(my_list[index])
#删除元素后的列表
print(my_list)
```

程序输入
输入第1个数据:python
输入第2个数据:hello
输入第3个数据:12.12
输入第4个数据:100
输入第5个数据:666
程序输出
['python', 'hello', '12.12', '100', '666']
删除了第3个元素
删除了第5个元素
['python', 'hello', '100']

5.5.6　reverse() 方法

使用 reverse() 方法可以重置列表中元素的顺序。如程序 5-11 所示。

程序 5-11　list_demo11.py

```
#分别创建两个列表（一个字符串列表，一个数值列表），并按倒序输出
import random
#创建字符串列表
string_list=[]
#创建数值列表
number_list=[]
for i in range(10):
    #创建随机字符范围为A~Z
    String=chr(random.randint(65,90))
    #添加字符到列表中
    string_list.append(String)
for i in range(10):
    #创建随机数，范围为1~10
    number=random.randint(1,10)
    #将数值添加到列表中
    number_list.append(number)
print("原字符列表",string_list)
string_list.reverse()
print("倒序后的字符列表",string_list)
print("原数值列表",number_list)
number_list.reverse()
print("倒序后的数值列表",number_list)
```
程序输出
```
原字符列表['N', 'U', 'H', 'F', 'L', 'T', 'D', 'F', 'E', 'Z']
倒序后的字符列表['Z', 'E', 'F', 'D', 'T', 'L', 'F', 'H', 'U', 'N']
原数值列表[1, 4, 9, 5, 2, 2, 9, 8, 3, 10]
倒序后的数值列表[10, 3, 8, 9, 2, 2, 5, 9, 4, 1]
```

5.5.7　del 语句

使用 remove() 方法可以从列表中移除特定的元素，但某些情况需要在特定索引位置删除元素。这时，无论该索引位置存储的是什么元素，均可以使用 del 语句删除。如程序 5-12 所示。

程序 5-12　list_demo12.py

```
#用户在控制台输入五个数据，使用del语句删除随机位置的数据
import random
my_list=[]
for i in range(1,6):
    user_input=input("请输入第"+str(i)+"个数据:")
    my_list.append(user_input)
print("原列表",my_list)
for i in range(2):
```

```
    del my_list[random.randint(0,len(my_list))-i-1]
print("删除数据后的列表",my_list)
```
程序输入
请输入第1个数据:10
请输入第2个数据:word
请输入第3个数据:hello
请输入第4个数据:python
请输入第5个数据:10
程序输出
原列表['10', 'word', 'hello', 'python', '10']
删除数据后的列表['10', 'hello', '10']

5.5.8　min() 函数和 max() 函数

在 Python 语言中，列表有内置函数 max() 和 min()，它们的功能分别是返回列表的最大值和最小值。程序 5-13 显示了如何创建一个随机数列表并将随机数排序，输出最大值和最小值的例子。

程序 5-13　list_demo13.py

```
#创建一个随机数列表，并将它排序后输出
import random
#创建列表
my_list=[]
for i in range(10):
    #创建随机数
    number=random.randint(1,100)
    #将数值添加到列表中
    my_list.append(number)
print("排序前列表",my_list)
#使用冒泡排序法对列表排序
for i in range(0,len(my_list)-1):
    for j in range(0,len(my_list)-i-1):
        if my_list[j]>my_list[j+1]:
            my_list[j],my_list[j+1]=my_list[j+1],my_list[j]
print("排序后列表",my_list)
print("列表中的最大值:",max(my_list))
print("列表中的最小值:",min(my_list))
```
程序输出
排序前列表[53, 8, 78, 3, 8, 75, 7, 77, 32, 99]
排序后列表[3, 7, 8, 8, 32, 53, 75, 77, 78, 99]
列表中的最大值:99
列表中的最小值:3

当然，max() 函数和 min() 函数也能对字符串列表使用。如程序 5-14 所示。

程序 5-14　list_demo14.py

```
#创建一个随机字符列表，并将它排序，然后输出最大值和最小值
import random
#创建列表
my_list=[]
for i in range(10):
#创建随机字符
    string=chr(random.randint(65,90))
    #将字符添加到列表中
    my_list.append(string)
print("排序前列表",my_list)
#使用冒泡排序法对列表排序
for i in range(0,len(my_list)-1):
    for j in range(0,len(my_list)-i-1):
        if my_list[j]>my_list[j+1]:
            my_list[j],my_list[j+1]=my_list[j+1],my_list[j]
print("排序后列表",my_list)
print("列表中的最大值:",max(my_list))
print("列表中的最小值:",min(my_list))
```
程序输出
```
排序前列表['B', 'K', 'W', 'F', 'B', 'X', 'D', 'Y', 'X', 'W']
排序后列表['B', 'B', 'D', 'F', 'K', 'W', 'W', 'X', 'X', 'Y']
列表中的最大值:Y
列表中的最小值:B
```

5.6　复制列表

5.6.1　列表的复制

在 Python 中，将一个变量分配给另一个变量时，这两个变量引用内存中的同一个对象。如下：

```
#创建一个列表
my_list1=[1,2,3,4,5]
#将列表my_list1中的变量传递列表my_list2
my_list2=my_list1
```

执行这段代码后，my_list1 和 my_list2 变量将引用内存中的同一列表。如图 5-4 所示。

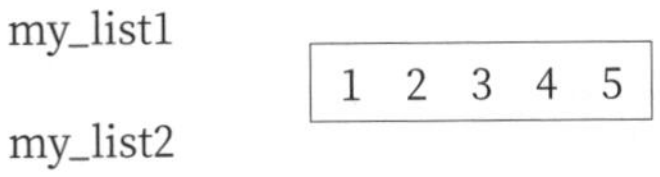

my_list1

```
1  2  3  4  5
```

my_list2

图5-4　my_list1和my_list2引用同一个列表

为了更好地演示该效果，请看下面的交互式语句：

```
>>> my_list1=[1,2,3,4,5]
>>> my_list2=my_list1
>>> print(my_list1)
[1, 2, 3, 4, 5]
>>> print(my_list2)
[1, 2, 3, 4, 5]
>>> my_list1[0]=11
>>> print(my_list1)
[11, 2, 3, 4, 5]
>>> print(my_list2)
[11, 2, 3, 4, 5]
```

在第一行中，创建了一个整数列表并将其分配给 my_list1 变量；在第二行中，将 my_list1 分配给 my_list2，之后，my_list1 和 my_list2 引用了内存中的同一个列表；在第三行中，打印了 my_list1 所引用的列表，print() 函数输出的内容如第四行所示；在第五行中，打印了 my_list2 所引用的列表，print() 函数输出的内容如第六行所示（请注意它与第四行所示的输出内容相同）；在第七行中，将 my_list1[0] 的值修改为 11；在第八行中，打印了 my_list1 所引用的列表，print() 函数的输出结果如第九行所示（注意第一个元素现在是 11）；在第十行中，打印了 list2 所引用的列表，print() 函数的输出结果如第十一行所示（注意第一个元素是 11）。

在该交互式会话中，my_list1 和 my_list2 变量引用了内存中的同一个列表。若用户想要复制一个列表的副本，my_list1 和 my_list2 可以引用两个独立但相同的列表。

使用一个循环便可复制列表中的每个元素。如下：

```
#创建一个数值列表
my_list1=[1,2,3,4,5]
#创建另外一个空列表
my_list2=[]
#复制my_list1的元素到空列表my_list2中
for item in my_list1:
    my_list2.append(item)
```

该代码执行后，my_list1 和 my_list2 将引用两个独立但相同的列表。完成相同任务的一个更简单的方法是使用连接操作符，如下：

```
#创建一个数值列表
my_list1=[1,2,3,4,5]
#创建一个新的列表，并将my_list1的元素复制到新列表中
my_list2=[]+my_list1
```

代码的最后一句将 my_list1 和空列表连接在一起，并将所得列表分配给 my_list2。结果是：my_list1 和 my_list2 引用了两个独立但相同的列表。

5.6.2　处理列表

前面我们介绍了列表的内置函数、索引和切片操作，接下来学习实际操作中对列表的处理。

程序 5-15　list_demo15.py

```
#计算列表中数值元素的和
import random
#创建空列表
my_list=[]
for i in range(10):
#创建随机数，范围为1~100
    number=random.randint(1,100)
    #将随机数添加到列表中
    my_list.append(number)
#输出列表
print(my_list)
#计算列表中元素的和
sum_my_list=0
for number in my_list:
    sum_my_list=sum_my_list + number
print("列表中元素的和为",sum_my_list)
'''
当然，Python中也有内置函数sum()计算数值列表元素的和
使用格式:sum(list)
返回值即为列表中所有数值的和
'''
print("列表中元素的和为",sum(my_list))
程序输出
[19, 7, 7, 3, 5, 58, 66, 99, 15, 48]
列表中元素的和为327
列表中元素的和为327
```

程序 5-16　list_demo16.py

```
#计算列表中数值元素的平均值
import random
```

```
#创建空列表
my_list=[]
for i in range(10):
    #创建随机数,范围为1~50
    number=random.randint(1,50)
    #将随机数添加到列表中
    my_list.append(number)
#输出列表
print(my_list)
#计算列表中元素的和
sum_my_list=0
for number in my_list:
    sum_my_list=sum_my_list + number
    print("列表中元素的平均值为",sum_my_list/len(my_list))
```

程序输出
```
[22, 43, 32, 32, 38, 6, 10, 4, 10, 5]
列表中元素的平均值为20.2
```

程序 5-17　list_demo17.py

```
'''
用户输入十个数据到列表中,将里面的数值元素相加,将字符串元素拼接,然后分
别输出
输入数据
这里使用了高阶函数,实现在控制台一行输入多个数据
'''
my_list=list(map(str,input("请以空格为分隔符输入十个数据:").split(" ")))
#输出列表
print(my_list)
number=0
string=""
for item in my_list:
    '''
异常处理,后面会详细介绍
#这里简略解释一下try语句,如果不发生异常,则执行这段语句;如果发生异常,
则不会执行这段语句,而执行except语句
因为int()在使用字符串时会产生类型异常,所以使用try-except语句
    '''
    try:
        if isinstance(int(item),int) :
            number=number+int(item)
    except:
        string=string + item
print("列表中所有数值的和为",number)
print("列表中所有字符串拼接为",string)
```

程序输入
```
请以空格为分隔符输入十个数据:10 -5 hello world python 11 -4 1 jack 6
```

程序输出
['10', '-5', 'hello', 'world', 'python', '11', '-4', '1', 'jack', '6']
列表中所有数值的和为19
列表中所有字符串拼接为helloworldpythonjack

5.7   二维列表

列表中的元素不仅可以是浮点数、字符串、数值、复数等，还可以包括列表。
请看下面的交互式语句：

```
>>> names=[['Jack','Kim'],['Mark','Sue'],['Tom','Kelly']]
>>> print(names)
[['Jack', 'Kim'], ['Mark', 'Sue'], ['Tom', 'Kelly']]
>>> print(names[0])
['Jack', 'Kim']
>>> print(names[1])
['Mark', 'Sue']
>>> print(names[2])
['Tom', 'Kelly']
```

该示例第一行创建了一个列表并将其分配给 names 变量，该列表有三个元素，
并且每个元素为一个列表。

```
names[0]元素是
    ['Jack', 'Kim']
names[1]元素是
    ['Mark', 'Sue']
names[2]元素是
    ['Tom', 'Kelly']
```

第二行打印了整个 names 列表，print() 函数的输出结果显示在第三行；第四
行打印了整个 names[0] 元素，print() 函数的输出结果显示在第五行；第六行打印
了整个 names[1] 元素，print() 函数的输出结果显示在第七行；第八行打印了整个
names[2] 元素，print() 函数的输出结果显示在第九行。

列表中的列表也可以称为嵌套列表或二维列表。通常将二维列表视为具有行和
列的元素集合，如图 5-5 所示。该图表明了在之前的交互式会话中创建了具有三行
两列的二维列表。

注意：行编号分别为 0、1、2，列编号分别为 0 和 1。列表中一共有六个元素。

	第 0 列	第 1 列
第 0 行	'Jack'	'Kim'
第 1 行	'Mark'	'Sue'
第 2 行	'Tom'	'Kelly'

图5-5　二维列表

在处理多组数据方面，二维列表十分实用。假设某位老师需要我们帮助他编写一个学生平均成绩的程序，而老师有三个学生，每个学生有三科成绩。有两种方法可以解决，第一种，为每个学生创建三个单独的列表，这些列表具有三个元素，对应每科的考试成绩，但这种方法很麻烦，因为必须分别处理每个列表。第二种，使用一个二维列表，这样可以同时显示三行（每个学生）和三列（每科的考试成绩）。如图 5-6 所示。

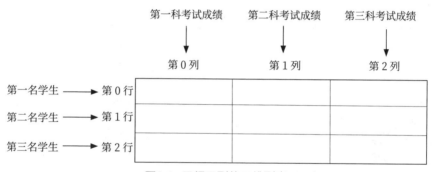

图5-6　三行三列的二维列表

处理二维列表数据时，需要使用两个下标：一个对应行，一个对应列。例如我们创建如下的二维列表：

```
score=[[1,2,3],
       [4,5,6],
       [7,8,9]]
```

第 0 行的元素可以按照如下格式访问：

```
score[0][0]
score[0][1]
score[0][2]
访问的结果分别是：1 2 3
```

第 1 行的元素可以按照如下格式访问：

```
score[1][0]
score[1][1]
```

```
score[1][2]
访问的结果分别是：4 5 6
```

第 2 行的元素可以按照如下格式访问：

```
score[2][0]
score[2][1]
score[2][2]
访问的结果分别是：7 8 9
```

图 5-7 展示了该二维列表，并显示了每个元素的下标。

	第 0 列	第 1 列	第 2 列
第 0 行	score[0][0]	score[0][1]	score[0][2]
第 1 行	score[1][0]	score[1][1]	score[1][2]
第 2 行	score[2][0]	score[2][1]	score[2][2]

图5-7　score列表中每一个元素的下标

一般来说，处理二维列表时，采用嵌套循环法实现。程序 5-18 创建了一个二维列表，并为它的每个元素传递随机数。

程序 5-18　list_demo18.py

```python
#创建一个二维列表，并给列表中的每个元素赋值（随机数），然后遍历输出
import random
my_list=[[0,0,0],
         [0,0,0],
         [0,0,0]]
#给行赋值
for i in range(3):
    #给列赋值
    for j in range(3):
        number=random.randint(1,10)
        my_list[i][j]=number
print("二维列表为",my_list)
#输出行的元素
for i in range(3):
    #输出列的元素
    for j in range(3):
        print("第{0}行第{1}列的元素是:{2}".format(i,j,my_list[i][j]))
```

程序输出
二维列表为[[1, 7, 1], [9, 2, 4], [7, 3, 3]]
第0行第0列的元素是:1
第0行第1列的元素是:7
第0行第2列的元素是:1
第1行第0列的元素是:9

```
第1行第1列的元素是:2
第1行第2列的元素是:4
第2行第0列的元素是:7
第2行第1列的元素是:3
第2行第2列的元素是:3
```

5.8　元组

5.8.1　元组基础

一个元组是一个序列，与列表类似。元组和列表之间的主要区别是：元组是不可变的。这意味着一旦创建了元组，它就不能被改变。如下：

```
>>> my_tuple=(1,2,3,4,5,6,7)
>>> print(my_tuple)
(1, 2, 3, 4, 5, 6, 7)
```

第一条语句创建了一个包含元素 1、2、3、4、5、6、7 的元组，并分配给了变量 my_tuple。第二条语句将 my_tuple 作为参数传递给了 print() 函数，并显示元组中的元素。

下面的交互式会话展示了使用 for 循环遍历元组中的元素。

```
>>> names=('Jack','Tom','Mark','Sue','Holly','Kelly')
>>> for name in names:
        print(name)
Jack
Tom
Mark
Sue
Holly
Kelly
```

当然，元组也能像列表一样使用索引访问其中的元素。如下：

```
>>> names=('Jack','Tom','Mark','Sue','Holly','Kelly')
>>> for i in range(len(names)):
        print(names[i])
Jack
Tom
Mark
Sue
Holly
Kelly
```

事实上，除了改变列表内容的操作之外，元组支持所有列表中的操作。元组支持以下操作：

下标索引（仅用于读取元素的值）。

各种方法，如 index()。

内置函数，如 len()、min() 和 max()。

切片表达式。

in 操作符。

+ 和 * 操作符。

元组不支持 append()、remove()、insert()、reverse() 和 sort() 等方法。

5.8.2　列表和元组间的转换

可以使用内置函数 list() 将一个元组转换成一个列表，当然，也可以使用内置函数 tuple() 将一个列表转换成一个元组。如下：

```
>>> number_tuple=(1,2,3,4)
>>> number_list=list(number_tuple)
>>> print(number_list)
[1, 2, 3, 4]
>>> str_list=['Hello','world','python']
>>> str_tuple=tuple(str_list)
>>> print(str_tuple)
('Hello', 'world', 'python')
```

第一行创建了一个元组，并将其分配给 number_tuple 变量；第二行将 number_tuple 传递给 list() 函数，该函数返回一个列表，包含了与 number_tuple 一样的数值，并将其分配给 number_list 变量；第三行将 number_list 传递给 print() 函数，输出结果如第四行所示；第五行创建了一个字符串列表，并将其分配给 str_list 变量；第六行将 str_list 传递给 tuple() 函数，该函数返回一个元组，包含了与 str_list 一样的数值，并将其分配给 str_tuple；第七行将 str_tuple 传递给 print() 函数，该函数的输出结果如第八行所示。

程序 5-19　tuple_demo1.py

```
#创建一个元组，在元组中创建三个一维数组，赋值后输出并将元组转换为列表
import random
my_tuple=([0,0,0],
          [0,0,0],
          [0,0,0])
#给行赋值
for i in range(3):
    #给列赋值
```

```
        for j in range(3):
            number=random.randint(1,10)
            my_tuple[i][j]=number
print("元组为",my_tuple)
print("列表为",list(my_tuple))
#输出行的元素
for i in range(3):
    #输出列的元素
    for j in range(3):
print("元组第{0}行第{1}列的元素是:{2}".format(i,j,my_tuple[i][j]))
```

程序输出
元组为([5, 2, 9], [4, 2, 4], [7, 5, 5])
列表为[[5, 2, 9], [4, 2, 4], [7, 5, 5]]
元组第0行第0列的元素是:5
元组第0行第1列的元素是:2
元组第0行第2列的元素是:9
元组第1行第0列的元素是:4
元组第1行第1列的元素是:2
元组第1行第2列的元素是:4
元组第2行第0列的元素是:7
元组第2行第1列的元素是:5
元组第2行第2列的元素是:5

习　题

选择题（可能存在多个答案）

1. 下面____是一个标识列表中元素的数字。

   A. 元素　　　B. 索引　　　C. 书签　　　D. 标识符

2. 下面____是列表中的第一个索引。

   A.-1　　B.1　　C.0　　D. 列表的长度减 1

3. 下面____是列表中的最后一个索引。

   A.1　　B.-1　　C.0　　D. 列表的长度减 1

4. 如果尝试使用一个超出列表范围的索引会发生____。

   A.ValueError 异常

   B.IndexError 异常

   C. 列表被清除，并且程序继续运行

   D. 什么都不会发生，非法索引被忽略

5. 下面____函数返回列表的长度。

A.length()   B.size()   C.len()   D.length_list()

6. 下面____列表方法将一个元素添加到了已有列表的最后。

A.add   B.add_to   C.increase   D.append

7. 下面____将列表中特定索引位置的元素移除。

A.remove() 方法   B.delete() 方法   C.del 语句   D.kill() 方法

程序题

1. 设计一个程序，要求用户输入商店一周内每一天的销售额。这些数量应存储在列表中，并用循环来计算这周的销售总额并显示结果。

2. 设计一个程序用于产生 7 位彩票号码。该程序产生 7 个从 0 到 9 之间的随机数，并将每个数字分配给一个列表元素（随机数在第 4 章介绍过），然后编写另一个循环显示该列表的内容。

3. 设计一个程序，让用户将 12 个月中每个月的降水量输入到一个列表中。该程序计算并显示该年度的总降水量、月平均降水量、最高降水量和最低降水量的月份。

4. 设计一个程序，要求用户输入一组 20 个数字。该程序将这些数字存储在列表中，然后显示以下数据：列表中的最小数字、列表中的最大数字、列表中数字之和、列表中数字的平均数。

5. 在程序中，编写一个函数，函数接受两个参数：一个列表和一个数字 n，假定该列表包含数字。该函数显示列表中所有比 n 大的数字。

6. 某地驾校考官要求创建一个应用程序对驾照考试的笔试部分打分。该考试共有 20 道选择题。下面是正确答案：

1.A   6.B   11.A   16.C

2.C   7.C   12.D   17.B

3.A   8.A   13.C   18.B

4.A   9.C   14.A   19.D

5.D   10.B   15.D   20.A

要求程序将这些正确答案存入列表，然后从一个文本文件中读取考生每个问题的答案，并将其存储到另一个列表（创建自己的文本文件来测试应用程序）。从文件中读取之后，程序应该显示一条消息，表明该考生通过或未通过考试（一个考生必须正确回答 20 个问题中的 15 个才算通过考试）。然后显示回答正确的问题总数，回答错误的问题总数，并显示回答错误的问题的编号列表。

7. 如果一个大于 1 的正整数只可以被 1 或者它自身整除，那么该数就是素数。如果一个大于 1 的正整数不是素数，那么它就是合数。编写一个程序，该程序按如下要求设计：

　　输入一个正整数，该正整数传递到一个函数中，该函数将从 2 到所输入数字之间的所有整数填充到一个列表中，然后使用一个循环遍历这个列表。由该函数显示输入的正整数是否是一个素数。

第 6 章

字符串的深入

目前编写的许多程序都涉及字符串的使用，但方法并不很丰富。目前为止，字符串主要涉及输入和输出。如从键盘和文件中读取输入的字符串，并将字符串作为程序输出，发送到屏幕和文件。

许多程序不只是为了输入读取字符串和输出写入的字符串，还要对字符串执行相关处理。如处理大量文本时，需要广泛地使用字符串。Email 程序和搜索引擎也是对字符串执行操作的典型程序。

Python 提供了各种检查和操作字符串的工具、编程技术。其实，字符串是一个序列，第 6 章中很多有关序列的概念也适用于字符串。

6.1 字符串的基本操作

6.1.1 访问字符串中的单个字符

一些编程任务要求访问字符串中的各个字符。常见的要求如设置网站的密码。出于安全考虑，许多网站要求设置的密码至少包含一个大写字母、一个小写字母和一个数字。当我们设置密码的时候，程序会检查每个字符，以确保密码符合这些要求（在本章后面会介绍该程序的例子）。

在本节中，我们将介绍两种可以在 Python 中访问字符串中单个字符的操作——for 循环和索引。

用for循环迭代字符串

访问字符串中单个字符最简单的方法之一是使用 for 循环。一般格式如下：

```
for variable in string:
    Statement
    Statement
    etc.
```

　　其中，variable 是变量的名称，string 是字符串或引用字符串的变量。每次循环迭代时，variable 将从第一个字符开始依次引用字符串中的每个字符副本。这个循环遍历了字符串中的所有字符。如下：

```
>>> string='python'
>>> for char in string:
print(char)
p
y
t
h
o
n
```

图 6-1 演示了循环迭代时 char 变量是如何引用字符串的字符副本的。

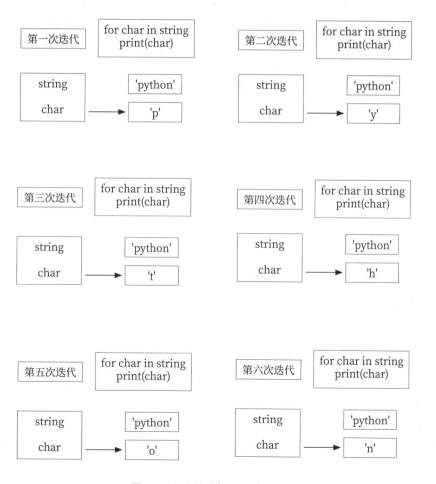

图6-1　在字符串'python'上迭代

程序 6-1 展示了另一个例子。该程序用来统计用户在控制台输入的一个字符串中字符 a 的个数（忽略大写和小写）。

程序 6-1　string_demo1.py

```
#用户在控制台输入一个字符串，统计其中字符a出现的次数（忽略大写和小写）
#输入字符串
string=input("请输入字符串:")
#定义a的数量
a_count=0
#遍历字符串
for str in string:
    if str=="a" or str=="A":
        a_count=a_count+1
print('字符串为',string)
print('字符串中a出现的次数为',a_count)
程序输入
请输入字符串:wjawjdaawaAEJNA
程序输出
字符串为wjawjdaawaAEJNA
字符串中a出现的次数为6
```

6.1.2　索引

访问字符串中字符的另一种方法是使用索引。字符串中的每个字符都有索引指定其在字符串中的位置。索引从 0 开始，所以第一个字符的索引是 0，第二个字符的索引是 1，以此类推。字符串中最后 1 个字符的索引比字符串中的字符总数小 1。

图 6-2 展示了字符串 "Hello World" 中的每个字符的索引。该字符串共有 11 个字符，所以字符索引的范围是从 0 到 10。

可以使用索引取回字符串中单个字符的副本，如图 6-2 所示。

```
>>> my_string='Hello World'
>>> char=my_string[6]
```

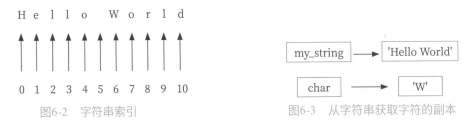

图6-2　字符串索引　　　　　　　　　图6-3　从字符串获取字符的副本

第二条语句中的表达式 "my_string[6]" 返回 my_string 中在索引 6 位置上的字符副本。执行完这条语句后，char 将引用 "W"。如图 6-3 所示。

还有一个例子：

```
>>> my_string='Hello World'
>>> print(my_string[0],my_string[6],my_string[10])
H W d
```

也可以用同样的方法对字符串进行负数索引，标识字符在整个字符串中的位置。Python 解释器使用负数索引与字符串长度来确定字符的位置。索引 -1 标识该字符串的最后一个字符，索引 -2 标识该字符串最后一个字符前的一个字符，以此类推。

```
>>> my_string='Hello World'
>>> print(my_string[-1],my_string[-2],my_string[-3])
d l r
```

程序 6-2　string_demo2.py

```
#用户在控制台输入一个字符串，并将整个字符串中的字符分别按正序和逆序输出
#输入字符串
string=input("请输入字符串:")
#顺序输出
for str in string:
    print(str,end=' ')
#逆序输出
for i in range(len(string)):
    print(string[-i-1],end=' ')
```
程序输入
请输入字符串:HelloWorld
程序输出
H e l l o W o r l d
d l r o W o l l e H

6.1.3　IndexError 异常

对于特定的字符串，如果使用超出范围的索引，则会发生 IndexError 异常。例如：字符串"python"有 6 个字符，所以有效的索引从 0 到 5（有效的负数索引从 -1 到 -6）。下面的示例代码会导致 IndexError 异常。

```
>>> string='python'
>>> print(string[6])
Traceback (most recent call last):
  File "<pyshell#43>", line 1, in <module>
    print(string[6])
IndexError: string index out of range
```

这种类型的错误最有可能发生在循环过程中迭代次数超过了字符串末尾的情况，如下所示：

```
city='Beijing'
```

```
index=0
while index<8:
    print(city[index])
    index+=1
```

这个循环的最后一次迭代，index 变量将被赋值为 7，是字符串 "Beijing" 的一个无效索引，因此会导致 IndexError 异常。

6.1.4　len() 函数

在第 5 章介绍了 len() 函数，它返回序列的长度。len() 函数同样也能获取字符串的长度，如下所示：

```
>>>string ='python'
>>>size=len(string)
>>>print(size)
6
```

第二条语句将变量 string 作为参数调用 len() 函数。该函数的返回值是 6，是字符串 "python" 的长度，这个值赋给了 size 变量。len() 函数可以防止循环迭代超出字符串的末尾，如下所示：

```
>>> string='python'
>>> index=0
>>> while index<len(string):
    print(string[index])
    index=index +1
p
y
t
h
o
n
```

注意：只要索引小于字符串的长度，循环就会一直迭代。这是因为字符串中最后一个字符的索引始终比字符串的长度小 1。

6.1.5　连接字符串

在 Python 中，比较常见的字符串操作就是连接或追加一个字符串到另一个字符串的末尾。在前面的章节中，我们了解到使用 "+" 运算符连接字符串的操作。"+"运算符将两个字符串组合起来生成一个新的字符串。如下：

```
>>> my_string='Hello'+'World'
>>> print(my_string)
HelloWorld
```

第一行连接字符串"Hello"和"World"产生字符串"HelloWorld",然后将字符串"HelloWorld"分配给 my_string 变量。第二行打印了 my_string 变量引用的字符串。

下面是展示连接字符串的另一个交互式会话:

```
>>> first_name='Tom'
>>> last_name='Mark'
>>> full_name=first_name+' '+last_name
>>> print(full_name)
Tom Mark
```

第一行将字符串"Tom"赋给了 first_name 变量;第二行将字符串"Mark"赋给了 last_name 变量;第三行将两个字符串通过一个空格连接在一起,生成的字符串赋给了 full_name 变量;第四行打印了 full_name 引用的字符串;输出结果显示在第五行。

当然,在进行字符串拼接操作时,也可以使用"+="运算符执行连接。以下交互式会话演示了这一过程:

```
>>> first_str='Hello'
>>> str='World'
>>> str +=first_str
>>> print(str)
WorldHello
```

程序 6-3 string_demo3.py

```
#创建一个英文字母列表,并将列表按照空格相隔,拼接成一个新字符串
#创建空字符串
my_string=' '
#创建字母列表
letter_list=[]
for number in range(97,123):
#创建字符
    char=chr(number)
#将字符添加到列表中
    letter_list.append(char)
#拼接字符串
for char in letter_list:
    my_string=my_string+char+' '
print("拼接后的字母字符串为",my_string)
```
程序输出
```
拼接后的字母字符串为 a b c d e f g h i j k l m n o p q r s t u v w x y z
```

6.1.6 字符串是不可变的

在 Python 的数据类型中，字符串是无法被修改的，这就意味着一旦创建字符串，就无法改变。一些对字符串的操作，如连接，我们会认为它们修改了字符串，但实际上并没有。如下：

```
>>> name='Jack'
>>> print("名字是",name)
名字是Jack
>>> name=name +' '+'Tom'
>>> print("现在的名字是",name)
现在的名字是Jack Tom
```

第一行中的语句将字符串"Jack"赋给 name 变量，如图 6-4 所示；第四行中的语句将字符串"Jack"通过空格和字符串"Tom"连接，并将结果赋给 name 变量，如图 6-5 所示。

从图中可以看出，原始字符串"Jack"未被修改。相反，一个包含"Jack Tom"的新字符串被创建并分配给 name 变量（原来的字符串"Jack"不可用，Python 解释器最终会从内存中销毁不可用的字符串）。

图6-4　字符串"Jack"赋给name　　　　图6-5　字符串"Jack Tom"赋给name

6.2　字符串的切片

在第 5 章中已经介绍过切片是从序列中截取的一组元素。当从字符串中取出一个切片时，便可以从字符串中获取一组字符。字符串切片也称为子串。

从字符串中获取切片的表达式为：

```
string[start:end]
```

其中，start 是切片中第一个字符的索引，end 是标记切片结尾的索引。该表达式返回一个包含从 start 开始到 end 结束(但不包括)的所有字符副本的字符串。如下：

```
>>> my_string='Hello World'
>>> cut_string=my_string[6:10]
```

```
>>> print(cut_string)
Worl
```

第二条语句将字符串"Worl"赋给 cut_string，如果在切片表达式中没有指定 start 索引，Python 将使用字符串的开头作为起始索引。如下：

```
>>> my_string='Hello World'
>>> cut_string=my_string[:5]
>>> print(cut_string)
Hello
```

第二条语句将字符串"Hello"赋给 cut_string。如果切片表达式没有指定 end 索引，Python 将字符串的最后一个元素作为结束索引。如下：

```
>>> my_string='Hello World'
>>> cut_string=my_string[2:]
>>> print(cut_string)
llo World
```

第二条语句将字符串"llo World"赋给 cut_string。如果切片表达式中 start 和 end 都不指定，会输出什么呢？如下：

```
>>> my_string='Hello World'
>>> cut_string=my_string[:]
>>> print(cut_string)
Hello World
```

可见，当 start 和 end 都不指定时，会截取整个字符串。上面的字符串切片都是连续的字符片段。切片表达式也能设置步长，使字符串中的部分字符被忽略。如下：

```
>>> letters='abcdefghijklmnopqrstuvwxyz'
>>> print(letters[0:26:2])
acegikmoqsuwy
```

注意：无效的索引不会使切片表达式触发异常。

如果 end 索引指定了一个超过字符串结尾的位置，Python 将使用字符串的长度代替；如果 start 指定了一个超出字符串起始的位置，Python 将会使用 0 代替；如果 start 索引比 end 索引大，切片表达式将返回空字符串。

程序 6-4　string_demo4.py

```
#用户输入一个字符串并对该字符串进行切片操作
#输入字符串
string=input("请输入字符串:")
print("字符串为",string)
print("截取前面三个元素:",string[0:3])
print("截取后三个元素:",string[-3:-1])
print("截取全部元素:",string[:])
print("截取从第三个元素开始的所有元素:",string[2:])
```

```
print("截取到第六个元素:",string[:6])
print("截取奇数位元素:",string[0::2])
print("截取偶数位元素:",string[1::2])
```
程序输入
请输入字符串:My name is Jack
程序输出
字符串为My name is Jack
截取前面三个元素: My
截取后三个元素: ack
截取全部元素: My name is Jack
截取从第三个元素开始的所有元素: name is Jack
截取到第六个元素: My nam
截取奇数位元素: M aei ak
截取偶数位元素: ynm sJc

6.3　测试、搜索和操作字符串

6.3.1　使用 in 和 not in 测试字符串

在 Python 中，我们可以使用 in 操作符来确定一个字符串是否包含在另一个字符串中。下面是两个字符串使用 in 操作符的表达式：

```
string1 in string2
```

string1 和 string2 是引用字符串的变量。如果 string1 包含在 string2 中，则表达式返回 True。如下：

```
>>> name='Jack Tom Mark Sue Kim'
>>> if 'Jack' in name:
        print("Jack在字符串中被找到")
    else:
        print("Jack没有在字符串中被找到")
Jack在字符串中被找到
```

程序 6-5　string_demo5.py

```
'''
用户在控制台输入一个字符串，创建一个字符列表['a','b','c']，统计字符a、b、c是否在字符串中出现
'''
#输入字符串
string=input("请输入字符串:")
#创建字符列表
char_list=['a','b','c']
```

```
for char in char_list:
    if char in string:
        print('字符'+char+'在字符串中存在')
    else:
        print('字符'+char+'在字符串中不存在')
```

程序输入
请输入字符串:My name is Jack
程序输出
字符a在字符串中存在
字符b在字符串中不存在
字符c在字符串中存在

当然，我们也可以像列表一样在 in 操作符的前面加上 not 逻辑运算符，表示是否不存在该元素。如果不存在就返回 True。

程序6-6　string_demo6.py

```
#创建随机字符数组，并将它拼接成字符串，然后用户输入一个字符，判断是否不
存在（使用not in）
#导入模块
import random
#创建空字符列表
char_list=[]
#向列表中添加元素
for i in range(10):
    char=chr(random.randint(50,100))
    char_list.append(char)
    #拼接字符串
    my_string=' '
    for char in char_list:
        my_string=my_string + char
char=input("请输入一个字符:")
if char not in my_string:
    print(char+'不存在于字符串中')
else:
    print(char+'存在于字符串中')
print("字符串为",my_string)
```

程序输入
请输入一个字符:e
程序输出
e不存在于字符串中
字符串为b9JNM[:`4L
程序输入
请输入一个字符:5
程序输出
5存在于字符串中
字符串为5J<ISd2XO[

6.3.2　字符串方法

第 5 章介绍了用内置函数操作列表中元素的相关内容。本节将讨论几种操作字符串的方法，如测试字串的值、对字符串进行修改、搜索子串、替换字符序列。

字符串方法调用的一般格式为：

```
string.method(参数)
```

其中，string 是引用字符串的变量，method 是被调用的方法的名称。

6.3.3　字符串的测试方法

表 6-1 中的方法可以测试字符串的具体特性。例如：判断字符串中是否只包含数字，可以使用内置函数 isdigit() 方法。如果字符串中只含有数字，返回 True，否则返回 False。如下：

```
>>> string='666'
>>> if string.isdigit():
        print("该字符串只包含数字")
    else:
        print("该字符串不仅仅包含数字")
该字符串只包含数字
```

让我们看看另外一个例子：

```
>>> string='666abc'
>>> if string.isdigit():
        print("该字符串只包含数字")
    else:
        print("该字符串不仅仅包含数字")
该字符串不仅仅包含数字
```

表 6-1 为字符串的测试方法。

表6-1 字符串的测试方法

方法	描述
isalnum()	字符串如果只存在字母或数字，且字符串至少为1个字符，返回True，否则返回False
isalpha()	字符串如果只包含字母，且字符串至少为1个字符，返回True，否则返回False
isdigit()	字符串如果只包含数字，且字符串至少为1个字符，返回True，否则返回False
islower()	如果字符串中的所有字母都是小写的，且该字符串至少包含1个字符，返回True，否则返回False
isspace()	如果字符串仅包含空白字符，且字符串至少为1个字符，返回True，否则返回False

方法	描述
isupper()	如果字符串中的所有字母都是大写的，且字符串至少包含1个字符，返回True，否则返回False

程序 6-7 演示了各种字符串的测试方法。

程序 6-7 string_demo7.py

```
#用户在控制台输入一个字符串，使用字符串测试的方法对字符串进行测试
#输入字符串
string=input("请输入字符串:")
#测试方法
#判断字符串是否只包含数字或字母
if string.isalnum():
    print("字符串只包含数字或字母")
#判断字符串是否只包含数字
if string.isdigit():
    print("字符串只包含数字")
#判断字符串是否只包含字母
if string.isalpha():
    print("字符串只包含字母")
#判断字符串中字母是否都是小写的
if string.islower():
    print("字符串中所有字母都是小写的")
#判断字符串中字母是否都是大写的
if string.isupper():
    print("字符串中所有字母都是大写的")
#判断字符串中是否仅仅包含空白字符
if string.isspace():
    print("字符串只包含空白字符")
```

程序输入
请输入字符串:abcd
程序输出
字符串只包含数字或字母
字符串只包含字母
字符串中所有字母都是小写的
程序输入
请输入字符串:1234
程序输出
字符串只包含数字和字母
字符串只包含数字
程序输入
请输入字符串:1234ABCD
程序输出
字符串只包含数字或字母
字符串中所有字母都是大写的

6.3.4　修改方法

字符串是不可变的，这意味着它们不能被修改，但它们确实有许多方法返回修改后的副本。表 6-2 列出了几种方法。

表 6-2　字符串的修改方法

方法	描述
lstrip()	删除字符串前面所有的空白字符
lstrip(char)	char为传入字符串，该函数会删除字符串前面包含的char字符串
rstrip()	删除尾部的所有空白字符。尾部空白字符包括空格，换行符（\n），以及出现在字符串尾部的制表符（\t）
rstrip(char)	char为传入字符串，该函数会删除字符串尾部包含的char字符串
strip()	删除字符串头部和尾部的所有空白字符
strip(char)	删除字符串头部和尾部所有的char字符串
upper()	将字符串中所有的字符都转为大写，如果已经是大写就无须转换
lower()	将字符串中所有的字符都转为小写，如果已经是小写就无须转换

上表描述的修改方法中，lower() 方法返回将所有字母都转换为小写的字符串副本。如下：

```
>>> letters='Hello World'
>>> print(letters,letters.lower())
Hello World hello world
```

upper() 方法将所有字母转换为大写的字符串副本。如下：

```
>>> letters='Hello World'
>>> print(letters,letters.upper())
Hello World HELLO WORLD
```

lower() 和 upper() 方法可以进行不区分大小写的字符比较。我们知道，比较字符串的大小是区分大写和小写的，也就是说，大写字符和小写字符是区分开来的。例如：由于大写字符和小写字符不同,字符串"ABC"与字符串"Abc"是不一样的。我们可以尝试用下面的程序去判断字符的大小。

程序 6-8　string_demo8.py

```
#创建一个随机的字符列表，并对列表中的字符排序，不区分大写和小写
#导入模块
import random
#创建列表
random_char_list=[]
for i in range(15):
```

```
    #设置传入大写字母还是小写字母
    choice_number=random.randint(0, 1)
    #添加字符元素
    if choice_number==1:
        random_number=chr(random.randint(65, 90))
        random_char_list.append(random_number)
    else:
        random_number=chr(random.randint(97, 122))
        random_char_list.append(random_number)
#输出列表
print("字母列表为",random_char_list)
#使用冒泡排序法对字母比较
for i in range(0,len(random_char_list)-1):
    for j in range(0,len(random_char_list)-i-1):
    #使用lower方法忽略大小写
        if random_char_list[j].lower()>random_char_list[j+1].lower():
            random_char_list[j],random_char_list[j+1]=random_char_list[j+1],random_char_list[j]
print("排序后的列表为",random_char_list)
```
程序输出
字母列表为['m', 'D', 'o', 'v', 'j', 'E', 'S', 'B', 'l', 'z', 'g', 'r', 'c', 'G', 'u']
排序后的列表为['B', 'c', 'D', 'E', 'g', 'G', 'j', 'l', 'm', 'o', 'r', 'S', 'u', 'v', 'z']

6.3.5　搜索和替换

程序通常需要搜索出现在其他字符串中的子字符串。假设文字处理器打开了一个文档，需要搜索出现在某处的单词，要搜索的词就是一个出现在较大的字符串（文档）里面的子字符串。

表 6-3 列了一些在 Python 字符串中搜索子字符串的方法，以及用另一个字符串替换子字符串的方法。

表6-3　搜索和替换的方法

方法	描述
endswith(string)	string参数是一个字符串。如果一个字符串以string结尾，该方法返回True
find(string)	string参数是一个字符串。该方法返回字符串中找到string的最小索引位置。如果没有找到string，该方法返回-1
replace(old,new)	old参数和new参数都是字符串。该方法返回将所有old替换为new的字符串副本
startswith(string)	string参数是一个字符串。如果一个字符串以string开头，该方法返回True

endswith() 方法用来确定一个字符串是否以指定的子字符串结尾。如下：

```
>>> filename=input('输入你的文件名:')
输入你的文件名:my_python.txt
>>> if filename.endswith('.txt'):
        print("这个文件是文本文件")
    elif filename.endswith(".py"):
        print("这个文件是python文件")
    elif filename.endswith(".doc"):
        print("这个文件是文档文件")
    else:
        print("无法识别该文件")
这个文件是文本文件
```

startswith() 方法和 endswith() 方法类似，用来确定一个字符串是否以指定的子字符串开头。

find() 方法可以在字符串中搜索指定的子字符串。如果找到，该方法返回字符串的最小索引；如果没有找到，该方法返回 -1。如下：

```
>>> string='one two three four five six seven'
>>> position=string.find('three')
>>> if position!=-1:
        print("字符串three的位置在",position)
    else:
        print("没有找到字符串")
字符串three的位置在8
```

replace() 方法返回一个字符串副本，将每一次出现的指定子字符串副本替换成另外一个字符串。如下：

```
>>> string='six years ago'
>>> new_string=string.replace('years','days')
>>> print(new_string)
six days ago
```

了解了字符串的操作后，让我们看看下面三个例子。

程序 6-9　string_demo9.py

```
#用户在控制台输入一个字符串，显示字符串中出现次数最多的字符
#输入字符串
my_string=input("请输入字符串:")
#字符存储列表
string_list=[]
string_num_list=[]
for char in my_string:
    if char not in string_list:
        string_list.append(char)
```

```
                    string_num_list.append([char,1])
            else:
                i=0
                for string in string_num_list:
                    if char!=string[0]:
                        i+=1
                    else:
                        string_num_list[i][1] +=1
#对字符排序
string_num_list=sorted(string_num_list,key=lambda x:x[1])
print(string_num_list)
#输出出现次数最多的字符
print("出现次数最多的字符为:{0},出现次数为:{1}".format(string_num_list[-1]
[0],string_num_list[-1][1]))
```

程序输入

请输入字符串:hello world

程序输出

[['h', 1], ['e', 1], [' ', 1], ['w', 1], ['r', 1], ['d', 1], ['o', 2],['l', 3]]
出现次数最多的字符为:'l',出现次数为:3

程序 6-10　string_demo10.py

```
#用户输入一个字符串，将字符分割
#输入字符串
my_string=input("请输入字符串:")
#遍历字符串
new_string=' '
for char in my_string:
#进行大小写判断
    if char.isupper() and my_string.index(char)!=0:
        new_string=new_string+" "+char
    else:
        new_string=new_string+char
print("原字符串为",my_string)
print("分割后字符串为",new_string)
```

程序输入

请输入字符串:HelloWorldPython

程序输出

原字符串为HelloWorldPython
分割后字符串为Hello World Python

程序输入

请输入字符串:MyNameIsJack

程序输出

原字符串为MyNameIsJack
分割后字符串为My Name Is Jack

程序 6-11　string_demo11.py

```
'''
字符分析。输入一个字符串，统计出大写字母、小写字母、数字字符、空白字符、
以及其他字符的数量
'''
#字符串输入
my_string=input("请输入需要统计的字符串:")
#定义初始的字符数目
upper_char=0
lower_char=0
space_char=0
other_char=0
digit_char=0
#遍历字符串
for char in my_string:
    if char.isupper():
        upper_char=upper_char+1
    elif char.islower():
        lower_char=lower_char +1
    elif char.isspace():
        space_char=space_char +1
    elif char.isdigit():
        digit_char=digit_char +1
    else:
        other_char=other_char +1

print("字符串为",my_string)
print("大写字母数为",upper_char)
print("小写字母数为",lower_char)
print("空格字符数为",space_char)
print("数字字符数为",digit_char)
print("其他字符数为",other_char)
```

程序输入

请输入需要统计的字符串:djenka DAJ154#%^^ DEN1

程序输出

字符串为djenka DAJ154#%^^ DEN1
大写字母数为6
小写字母数为6
空格字符数为2
数字字符数为4
其他字符数为4

习　题

选择题（可能存在多个答案）

1. 字符串的第一个索引是____。

   A.1　　　B.-1　　　C.0　　　D. 字符串长度减 1

2. 字符串的最后一个索引是____。

   A.99　　　B.1　　　C.0　　　D. 字符串长度减 1

3. 如果尝试使用超出字符串范围的索引，会发生____。

   A. IndexError 异常

   B. ValueError 异常

   C. 该字符串会被删除，程序将继续运行

   D. 什么也不会发生，无效索引将被忽略

4. 下面____函数会返回字符串长度。

   A.length()　　　　　B.size()　　　　　C.len()　　　　　D.length of()

5. 下面____字符串方法会返回删除字符串左侧所有空白字符的字符串副本。

   A.lstrip　　　　　B.remove　　　　C.strip_leading　D.rstrip

6. 下面____字符串方法会返回字符串中找到指定字符串的最小索引位置。

   A.first_index_of　　B.locate　　　　C.find　　　　　D.index_of

7. 下面____操作符可以确定一个字符串是否包含在另一个字符串中。

   A.contains　　　　B.is_in　　　　　C.==　　　　　　D.in

8. 如果字符串只包含字母并且长度至少为 1 个字符，下面____返回 True。

   A.isalpha() 方法　　　　　　　B.alpha() 方法

   C.alphabetic() 方法　　　　　　D.isletters() 方法

9. 如果字符串只包含数字并且长度至少为 1 个字符，下面____返回 True。

   A.digit() 方法　　　　　　　　B.isdigit() 方法

   C.numeric() 方法　　　　　　　D.isnumber() 方法

程序题

1. 编写一个程序，获得包含一个人名、中间名和姓氏的字符串，显示其名、中间名和姓氏的缩写。例如：用户输入 John Wiliam Smith，程序显示 J.W.S。

2. 编写一个程序，要求用户输入一系列没有分隔的一位数数字字符。该程序显示字符串中所有一位数数字字符的总和。例如：用户输入 2、5、1、4，则该程序返回的是 2、5、1 和 4 的总和。

3. 编写一个程序，字符串作为参数并返回该字符串包含元音字母的数量；该应用程序中还有另一种函数，接受一个字符串作为参数并返回该字符串包含辅音字母的数量。用户输入一个字符串，并显示它包含的元音和辅音字母数量。

4. 编写一个程序，接受输入一个句子并将其中的每个英文单词转换为拉丁文（Pig Latin）。在一种版本中，要想将一个单词转换为拉丁文，需要删除第一个字母并将其放置在单词末尾，然后将字符串"AY"添加到单词后面。如下：

English:
I SLEPT MOST OF THE NIGHT
Pig Latin:
IAY LEPTSAY OSTMAY FOAY HETAY IGHTNAY

Python 第 7 章

字典和集合

7.1 字典的简介

7.1.1 字典的概念

当听到"字典"这个词的时候，我们往往会想到一本厚厚的书，比如《新华字典》，内容包含汉字及其释义。如果我们想知道一个字的含义，可以在字典中找到它以及它的释义。

在 Python 中，字典是存储一组数据的对象。存储在字典中的每个元素都有两个部分，即键和值。字典中的元素通常被称为键值对，从字典中检索特定值时，可以用与该值对应的键。这与在《新华字典》中查找汉字的过程十分类似。

假设公司中的每个员工都有一个 ID，需要编写一个程序，通过输入员工的 ID 查找员工的名字。这时，我们可以创建一个字典，其中，每个元素都包含一个员工的 ID 作为键，员工的名字作为值。如果我们知道员工的 ID，就能检索到该员工的名字了。

还有一个程序，通过输入人名，然后显示其电话号码。该程序同样可以使用字典，其中，每个元素将人名作为键，将电话号码作为值。如果知道人名，那么就可以检索到这个人的电话号码。

注意：由于一个键映射一个值，所以键值对通常也被称为映射。

7.1.2 创建字典

可以将所有元素放在大括号内来创建字典，元素由一个键、一个冒号、一个值组成。元素间用逗号分隔。如下：

```
phonebook = {'Jack':'666-111','Katie':'666-222','Tom':'666-333'}
```

该语句创建了一个字典，并将其分配给变量 phonebook，该字典包含以下三个元素：

第一个元素是 'Jack':'666-111'，其中，键是 'Jack', 值是 '666-111'。

第二个元素是 'Katie':'666-222'，其中，键是 'Katie', 值是 '666-222'。

第三个元素是 'Tom':'666-333'，其中，键是 'Tom', 值是 '666-333'。

在这个例子中，键和值都是字符串。字典中的值可以是任何类型的对象，但键必须是不可变对象。例如：键可以是字符串、整数、浮点值或元组，但不能是列表或其他可变的对象类型。

7.1.3 从字典中检索值

字典中的元素并非按照某一特定顺序存储，并且它的显示顺序与创建时的顺序不同，这说明字典并不是列表。

不能使用数字索引从字典中的相应位置检索值，而是使用键来检索值。

要从字典中检索值，只需用以下格式编写一个表达式：

```
dictionary[key]
```

其中，dictionary 是字典变量，key 是键。如果字典中存在该键，表达式将返回与该键对应的值。如果该键不存在，则抛出 KeyError 异常。如下：

```
>>> phonebook={'Jack':'666-111','Katie':'666-222','Tom':'666-333'}
>>> phonebook['Jack']
'666-111'
>>> phonebook['Katie']
'666-222'
>>> phonebook['Tom']
'666-333'
>>> phonebook['Sue']
Traceback (most recent call last):
    File "<pyshell#38>", line 1, in <module>
      phonebook['Sue']
KeyError: 'Sue'
```

第一行创建了一个包含名字（作为键）和电话号码（作为值）的字典；在第二行中，表达式 phonebook['Jack'] 从 phonebook 字典中返回与键 'Jack' 对应的值，并显示在第三行；在第四行中，表达式 phonebook['Katie'] 从 phonebook 字典中返回与键 'Katie' 对应的值，并显示在第五行；在第六行中，表达式 phonebook['Tom'] 从 phonebook 字典中返回与键 'Tom' 对应的值，并显示在第七行；在第八行中，输入表达式 phonebook['Sue']，而在 phonebook 字典中并没有键 'Sue'，因此，抛出 KeyError 异常。

注意：字符串比较是区分大小写的。例如表达式 phonebook['katie'] 不会找到字典中的键 'Katie'。

7.1.4 使用 in 和 not in 操作符判断字典中的值

正如之前所示，如果使用一个不存在的键检索字典中的值，会抛出 KeyError 异常。为了避免这种异常，在使用键检索值之前，可以使用 in 操作符来确定该键是否在字典中存在。如下：

```
>>> phonebook={'Jack':'666-111','Katie':'666-222','Tom':'666-333'}
>>> if 'Jack' in phonebook:
        print(phonebook['Jack'])
666-111
```

第二行中的 if 语句确定键 'Jack' 是否在 phonebook 字典中。也可以使用 not in 操作符来确定一个键是否存在，如下：

```
>>> phonebook={'Jack':'666-111','Katie':'666-222','Tom':'666-333'}
>>> if 'Sue' not in phonebook:
        print("Sue没有被找到")
Sue没有被找到
```

注意：在 in 和 not in 操作符中，字符串比较是区分大小写的。

7.2　字典的操作

7.2.1　向已有字典中添加元素

字典是可变对象，使用如下格式的赋值语句向字典添加新的键值对："dictionary[key]=value"。其中，dictionary 是字典变量，key 是键。如果 key 已存在于字典中，它对应键的值将变为 value。如果 key 不存在，它和其对应的值 value 会一起添加到字典中。如下：

```
>>> phonebook={'Jack':'666-111','Katie':'666-222','Tom':'666-333'}
>>> phonebook['Mark']='666-444'
>>> phonebook['Tom']='666-555'
>>> print(phonebook)
{'Jack': '666-111', 'Katie': '666-222', 'Tom': '666-555', 'Mark': '666-444'}
```

第一行创建了一个包含名字（作为键）和电话号码（作为值）的字典；第二行中的语句添加了一个新的键值对到 phonebook 字典中，由于字典中没有 'Mark' 键，该语句添加了 'Mark' 键和其对应的值 '666-444' 到字典中；第三行中的语句修改了已经存在的键对应的值，即由于 phonebook 字典已经存在 'Tom' 键，该语句将对应的

值修改成了 '666-555'；第四行输出 phonebook 字典的所有内容，其输出结果如第五行所示。

> 注意：字典中不存在重复的键。当对一个已经存在的键赋值时，新值会替换旧值。

程序 7-1　dict_demo1.py

```
#创建一个ASCII码表字典，存储 A~Z对应的ASCII码值
#创建一个空字典
my_dict={}
for number in range(65,91):
        char=chr(number)
        #给字典添加元素
        my_dict[char]=number
print('字典为',my_dict)
print("键为A时值为",my_dict['A'])
print("键为E时值为",my_dict['E'])
print("键为K时值为",my_dict['K'])
print("键为Z时值为",my_dict['Z'])
```
程序输出
```
字典为{'A': 65, 'B': 66, 'C': 67, 'D': 68, 'E': 69, 'F': 70, 'G': 71, 'H': 72, 'I': 73, 'J': 74,
'K': 75, 'L': 76, 'M': 77, 'N': 78, 'O': 79, 'P': 80, 'Q': 81, 'R': 82, 'S': 83, 'T': 84, 'U': 85,
'V': 86, 'W': 87, 'X': 88, 'Y': 89, 'Z': 90}
键为A时值为65
键为E时值为69
键为K时值为75
键为Z时值为90
```

7.2.2　删除元素

使用 del 语句可以删除字典中现有的键值对。一般格式如下：

```
del dictionary[key]
```

dictionary 是字典变量，key 是键。该语句执行后，key 和其对应的值会被从字典中删除。如果 key 不存在，则抛出 KeyError 异常。如下：

```
>>> phonebook={'Jack':'666-111','Katie':'666-222','Tom':'666-333'}
>>> phonebook
{'Jack': '666-111', 'Katie': '666-222', 'Tom': '666-333'}
>>> del phonebook['Jack']
>>> phonebook
{'Katie': '666-222', 'Tom': '666-333'}
>>> del phonebook['Jack']
Traceback (most recent call last):
File "<pyshell#59>",line 1,in <module>
    del phonebook['Jack']
KeyError: 'Jack'
```

该段第一行创建了一个字典，第二行显示了它的内容；第四行删除了键 'Jack' 对应的元素，第五行显示了字典的内容；在第六行的输出结果中可以看出，该元素已经不存在于字典中；第七行再次尝试删除键 'Jack' 的元素，由于该元素已经不存在，因此抛出一个 KeyError 异常。

为了防止抛出 KeyError 异常，可以在删除键值对之前，先使用 in 操作符确定对应键是否存在。如下：

```
>>> phonebook={'Jack':'666-111','Katie':'666-222','Tom':'666-333'}
>>> if 'Jack' in phonebook:
        del phonebook['Jack']
>>> phonebook
{'Katie': '666-222', 'Tom': '666-333'}
```

程序 7-2　dict_demo2.py

```
#创建一个随机的字符字典，用户输入字符判断字典是否存在该字符，并将该字符输出
#导入模块
import random
#创建空字典
my_dict={}
for i in range(7):
        char=chr(random.randint(97,122))
        #向字典中添加元素
        my_dict[char]=ord(char)
for i in range(3):
#用户分别输入三个字符，判断字典中是否存在该键，并输出它的ASCII码值
        char=input("请输入一个字符:")
        if char in my_dict:
                print("存在"+char+"这个键，它的值为:"+str(my_dict[char]))
        else:
                print("不存在"+char+'这个键')
print("字典为",my_dict)
```

程序输出
```
请输入一个字符:e
存在e这个键,它的值为:101
请输入一个字符:z
不存在z这个键
请输入一个字符:f
存在f这个键，它的值为:102
字典为{'y':121, 'd':100, 'f':102, 'h':104, 'e':101, 'x':120, 's':115}
```

7.2.3　获取字典中元素的数量

使用内置的 len() 函数可以获得字典中元素的个数。如下：

```
>>> phonebook={'Jack':'666-111','Katie':'666-222','Tom':'666-333'}
>>> numbers_item=len(phonebook)
>>> print(numbers_item)
```

3

第一行创建了一个含有三个元素的字典，并将其赋值给变量 phonebook；第二行将变量 phonebook 作为参数调用 len() 函数，该函数的返回值是 3，并将其赋值给变量 numbers_item；第三行将 numbers_item 传递给 print() 函数，其输出结果如第四行所示。

7.2.4 字典中数据类型的混合

如前所述，字典中的键必须是不可变对象，但它们的对应值可以是任何类型的对象。如下面的交互式会话，创建了一个字典，其中键是学生姓名，值是学习成绩：

```
>>> students_score={"Mark":[84,91,100],
                    'Tom':[91,61,85],
                    'Jack':[76,81,99],
                    'Sue':[77,71,89]}
>>> students_score
{'Mark': [84, 91, 100], 'Tom': [91, 61, 85], 'Jack': [76, 81, 99], 'Sue': [77, 71, 89]}
>>> students_score['Tom']
[91, 61, 85]
>>> Jack_scores=students_score['Jack']
>>> print(Jack_scores)
[76, 81, 99]
```

第一行到第四行的语句创建了字典，并将其赋给变量 students_score。该字典包含以下四个元素。

第一个元素：'Mark':[84,91,100]，其中，键是 'Mark'，值是列表 [84,91,100]；第二个元素：'Tom':[91,61,85]，其中，键是 'Tom'，值是列表 [91,61,85]；第三个元素：'Jack':[76,81,99]，其中，键是 'Jack'，值是列表 [76,81,99]；第四个元素：'Sue':[77,71,89]，其中，键是 'Sue'，值是列表 [77,71,89]。

第五行显示了字典的内容，如第六行所示；第七行取回了键 'Tom' 对应的值，并将其显示在第八行；第九行取回了键 'Jack' 对应的值，并将其赋值给变量 Jack_score，该语句执行后，变量 Jack_scores 引用了列表 [76,81,99]；第十行将变量 Jack_scores 传递给 print() 函数，并在第十一行显示输出。

存储在单个字典中的值可以是不同类型。例如：一个元素的值可能是一个字符串，另一个元素的值可能是一个列表，第三个元素的值也可能是一个整数。键也可以是不同的类型，只要它们是不可变类型。以下交互式会话演示了如何在字典中混合存储不同类型的数据：

```
>>> mixed_dict={'ABC':10,666:'Hello World',(1,2,3):[1,2,3]}
>>> mixed_dict
{'ABC':10, 666: 'Hello World', (1, 2, 3):[1, 2, 3]}
```

第一行的语句创建了一个字典，并将其赋给变量 mixed_dict。该字典包含以下元素。

第一个元素：'ABC':10，其中，键是 'ABC'，值是整数 10；第二个元素：666:'Hello World'，其中，键是整数 666，值是字符串 'Hello World'；第三个元素：(1,2,3):[1,2,3]，其中，键是元组 (1,2,3)，值是列表 [1,2,3]。

下面的交互式会话提供了一个更实际的例子，它创建了一个包含学生各种数据的字典：

```
>>>student_Jack={'name':'Jack','age':18,'id':123456789,'study':"math"}
>>> student_Jack
{'name':'Jack', 'age':18, 'id':123456789, 'study':'math'}
```

第一行的语句创建了一个字典，并将其赋值给变量 student_Jack。该字典包含以下元素。

第一个元素：'name':'Jack'，其中，键是字符串 'name'，值是字符串 'Jack'；第二个元素：'age':18，其中，键是字符串 'age'，值是数字 18；第三个元素：'id':123456789，其中键是字符串 'id'，值是数字 123456789；第四个元素：'study':'math'，其中键是字符串 'study'，值是字符串 'math'。

7.2.5　创建空字典

创建一个空字典，然后在执行程序时向其添加元素。可以使用一组空的大括号创建一个空字典，如下：

```
>>> phonebook={}
>>> phonebook['Jack']='666-111'
>>> phonebook['Tom']='666-222'
>>> phonebook['Mark']='666-333'
>>> phonebook
{'Jack': '666-111', 'Tom': '666-222', 'Mark': '666-333'}
```

第一行的语句创建了一个空字典，并将其赋值给变量 phonebook；第二行到第四行向字典添加了多个键值对，第五行的语句显示了该字典的内容。

还可以使用内置的 dict() 方法创建一个空字典，如语句"phonebook=dict()"。执行该语句后，变量 phonebook 将引用一个空字典。

7.2.6　使用 for 循环遍历字典

使用 for 循环可以遍历字典中的所有键，一般格式如下所示：

```
for var in dictionary:
    Statement
```

```
Statement
etc.
```

其中，var 是变量名，dictionary 是字典名。该循环对字典中的元素逐个迭代，每循环迭代一次，var 将会赋值为一个新键。如下：

```
>>> phonebook={'Jack':'666-111','Katie':'666-222','Tom':'666-333'}
>>> for key in phonebook:
        print(key)
Jack
Katie
Tom
>>> for key in phonebook:
        print(key,phonebook[key])
Jack 666-111
Katie 666-222
Tom 666-333
```

第一行创建了一个包含三个元素的字典，并将其赋值给变量 phonebook；第二行到第三行包含一个 for 循环，对 phonebook 字典中的元素逐个迭代。每循环迭代一次，变量 key 会赋值为一个新键。第三行打印了变量 key 的值。第四行到第六行显示了循环的输出结果；第七到第八行包含了另一个 for 循环，将键赋值给变量 key，并对 phonebook 中的元素逐个迭代。第八行打印了变量 key 和其对应的值。第九行到第十一行显示了循环的输出结果。

程序 7-3　dict_demo3.py

```
'''
创建一个字符列表，字母为键，ASCII编码值为值，将键和值的位置调换，即
ASCII编码值为键，字母为值
'''
#创建一个空字典
my_dict=dict()
#给字典赋值
for number in range(97,123):
    char=chr(number)
    my_dict[char]=number
#创建交换字典
swap_dict=dict()
for key in my_dict:
    value=my_dict[key]
    swap_dict[value]=key
    print("原字典为",my_dict)
    print("新字典为",swap_dict)
#当然，上述代码也可以使用字典推导式，如
#item()函数将会返回字典的键值对元组
new_dict={value:key for key,value in my_dict.items()}
```

```
print("新字典为",new_dict)
```
程序输出
原字典为{'a': 97, 'b': 98, 'c': 99, 'd': 100, 'e': 101, 'f': 102, 'g': 103, 'h': 104, 'i': 105, 'j':
106, 'k': 107, 'l': 108, 'm': 109, 'n': 110, 'o': 111, 'p': 112, 'q': 113, 'r': 114, 's': 115, 't':
116, 'u': 117, 'v': 118, 'w': 119, 'x': 120, 'y': 121, 'z': 122}
新字典为{97: 'a', 98: 'b', 99: 'c', 100: 'd', 101: 'e', 102: 'f', 103: 'g', 104: 'h', 105: 'i',
106: 'j', 107: 'k', 108: 'l', 109: 'm', 110: 'n', 111: 'o', 112: 'p', 113: 'q', 114: 'r', 115: 's',
116: 't', 117: 'u', 118: 'v', 119: 'w', 120: 'x', 121: 'y', 122: 'z'}
新字典为{97: 'a', 98: 'b', 99: 'c', 100: 'd', 101: 'e', 102: 'f', 103: 'g', 104: 'h', 105: 'i',
106: 'j', 107: 'k', 108: 'l', 109: 'm', 110: 'n', 111: 'o', 112: 'p', 113: 'q', 114: 'r', 115: 's',
116: 't', 117: 'u', 118: 'v', 119: 'w', 120: 'x', 121: 'y', 122: 'z'}

7.3　字典的函数

在 Python 中，字典也有很多内置函数。表 7-1 介绍了一些比较常用的内置函数。

表7-1　字典的内置函数

函数	描述
clear()	清空字典的内容
get()	获取与指定键对应的值。如果没有找到相应的键，该方法不会抛出异常，而是返回一个默认值
items()	将字典中的所有键及其对应的值以元组序列的形式返回
pop()	返回与指定键对应的值并将键值对从字典中删除。如果没有找到键，返回默认值
keys()	将字典中所有的键以元组序列的形式返回
popitem()	从字典中以元组形式返回一个随机选择的键值对，并将键值对从字典中删除
values()	将字典中所有的值以元组序列的形式返回

7.3.1　clear() 方法

clear() 函数将删除字典中所有的键值对，使其变成空字典。该函数的格式为：

```
dictionary.clear( )
```

如：

```
>>> phonebook={"Jack":'666-111','Tom':'666-222'}
>>> phonebook
{'Jack': '666-111', 'Tom': '666-222'}
```

```
>>> phonebook.clear()
>>> phonebook
{}
```

注意：上述代码在第四行执行后，phonebook 字典不会包含任何元素。

7.3.2　get() 方法

前面我们通过"[]"操作符从字典中获得值，实际上，我们也能通过内置函数从字典中获取键值对。如果没有找到指定的键，get 不会抛出异常。该函数的调用格式如下：

```
dictionary.get(key,default)
```

其中，dictionary 是字典的变量名，key 是想要查询的键，default 是在 key 没找到的情况下返回的默认值。使用这个方法时，它会返回与指定 key 对应的值。如果没有找到，则返回默认 default。如下面的交互式对话：

```
>>> phonebook={"Jack":'666-111','Tom':'666-222'}
>>> value=phonebook.get('Jack','没有找到这个键')
>>> print(value)
666-111
>>> value=phonebook.get('Sue','没有找到这个键')
>>> print(value)
没有找到这个键
```

第二行的语句在 phonebook 字典中搜索键 'Jack'，该键能找到，因此返回对应的值并将其赋给变量 value；第三行将变量 value 传递给 print() 函数，其输出结果如第四行所示；第五行的语句在 phonebook 字典中搜索键 'Sue'，但该键找不到，因此将字符串"没有找到这个键"赋给变量 value；第六行将变量 value 传递给 print() 函数，其输出结果如第七行所示。

程序 7-4　dict_demo4.py

```
#创建一个包含学生信息的字典，然后使用get访问字典信息
#创建空字典
student_dict={}
#输入姓名
name=input("请输入你的姓名:")
student_dict['name']=name
#输入年龄
age=int(input("请输入你的年龄:"))
student_dict['age']=age
#输入学号
id=input("请输入你的学号:")
student_dict['id']=id
```

```
#输入语文成绩
chinese_score=int(input("请输入你的语文成绩:"))
student_dict['chinese']=chinese_score
#输入数学成绩
math_score=int(input("请输入你的数学成绩:"))
student_dict['math']=math_score
#访问信息
print("学生信息字典为",student_dict)
print("学生的姓名为",student_dict.get('name'))
print("学生的年龄为",student_dict.get('age'))
print("学生的数学成绩为",student_dict.get('math'))
```

程序输入
请输入你的姓名:张三
请输入你的年龄:17
请输入你的学号:123456
请输入你的语文成绩:98
请输入你的数学成绩:79
程序输出
学生信息字典为{'name':'张三', 'age':17, 'id':'123456', 'chinese':98, 'math':79}
学生的姓名为张三
学生的年龄为17
学生的数学成绩为79

7.3.3 items() 方法

items() 方法返回字典中的所有键及其对应的值，这种方法称为字典视图。字典视图中的每个元素都是一个元组，每个元组包含一个键及其对应的值。如下：

```
phonebook = {'Jack': '666-111', 'Tom': '666-222' , 'Mark': '666-333'}
```

如果调用 phonebook.items() 方法，它会返回如下序列：

```
[('Jack','666-111'),('Tom','666-222'),('Mark','666-333')]
```

注意以下内容：

序列中的第一个元素是元组 ('Jack','666-111')；序列中的第二个元素是元组 ('Tom','666-222')；序列中的第三个元素是元组 ('Mark','666-333')。

使用 for 循环可以遍历这个序列中的每个元组。如下：

```
>>> phonebook={'Jack':'666-111',
               'Tom':'666-222',
                'Sue':'666-333'}
>>> for key,value in phonebook.items():
        print(key,value)
Jack 666-111
Tom 666-222
Sue 666-333
```

上述代码中，第一行到第三行创建了一个包含三个元素的字典，并将其赋值给变量 phonebook；第四行到第五行使用 for 循环调用 phonebook.items() 产生的元组。每循环一次，元组的值就会赋给变量 key 和 values；第六行到第八行打印了 key 和 value 变量的值。

7.3.4　keys() 方法

keys() 方法以字典视图（序列）的形式返回字典中的所有键，字典视图中的每个元素都是字典中的键。如下：

```
phonebook={"Jack":'666-111', 'Tom':'666-222','Sue':'666-333'}
```

如果我们调用 phonebook.keys() 方法，它会返回下列序列：

```
['Jack', 'Tom', 'Sue']
```

以下交互式会话说明了如何使用 for 循环遍历从 keys() 方法返回的序列：

```
>>> phonebook={"Jack":'666-111',
                'Tom':'666-222',
                'Sue':'666-333'}
>>> for key in phonebook.keys():
        print(key)
Jack
Tom
Sue
```

程序 7-5　dict_demo5.py

```
#创建一个字典，使用keys()方法对字典元素进行遍历
import random
#创建空字典
my_dict={}
for i in range(8):
    number=random.randint(65,90)
    char=chr(number)
    #添加字典元素
    my_dict[char]=number
print("字典为",my_dict)
#遍历字典中的键
for key in my_dict.keys():
    print(key,my_dict.get(key))
```

程序输出
```
字典为{'M': 77, 'X': 88, 'D': 68, 'R': 82, 'B': 66, 'A': 65, 'V': 86, 'J': 74}
M 77
X 88
D 68
R 82
```

```
B 66
A 65
V 86
J 74
```

7.3.5　pop() 方法

pop() 方法返回与指定键对应的值,并将键值对从字典中删除。如果没有找到键,该方法返回设定的默认值。该方法的调用格式为:

```
dictionary.pop(key,default)
```

其中,dictionary 是字典名,key 是待查询的键,default 是在 key 没找到时设定的默认返回值。调用该方法时,它返回与指定 key 对应的值,并将该键值对从字典中删除。如果字典中没有找到指定的 key,则返回 default。如下:

```
>>> phonebook={'Jack':'666-111',
                'Tom':'666-222',
                'Sue':'666-333'}
>>> pop_phone=phonebook.pop('Tom','不存在这个键')
>>> pop_phone
'666-222'
>>> phonebook
{'Jack': '666-111', 'Sue': '666-333'}
>>> pop_phone=phonebook.pop('Mark','不存在这个键')
>>> pop_phone
'不存在这个键'
>>> phonebook
{'Jack': '666-111', 'Sue': '666-333'}
```

第　行到第三行创建了一个包含三个元素的字典,并将其赋给变量 phonebook;第四行调用了 phonebook.pop() 方法,以"Tom"为键进行查找,并返回与该键对应的值,将其赋给变量 pop_phone,包含"Tom"的键值对将从字典中删除;第五行显示了变量 pop_phone 的赋值,第六行显示了其输出结果,可以看到,这个值是"Tom"键相对应的值;第七行显示了 phonebook 字典的所有内容,其输出结果如第八行所示,可以看到,包含"Tom"的键值对已不在字典中;第九行调用了 phonebook.pop() 方法,以"Mark"为键进行查找,由于没有找到键,把字符串"不存在这个键"赋给变量 pop_phone;第十行显示了变量 pop_phone 的赋值,其输出显示在第十一行;第十二行显示了 phonebook 字典的所有内容,其输出结果如第十三行所示。

程序 7-6　dict_demo6.py

```
#创建一个ASCII码表字典，只包含A~Z的字母，删除在K前面的所有键值对
#创建字典
ASCII_dict={}
```

```
#给字典赋值
for num in range(65,91):
    char=chr(num)
    ASCII_dict[char]=num
print("字典为",ASCII_dict)
for key in ASCII_dict.keys():
    if key<'K':
        ASCII_dict.pop(key)
print("删除键值对后的字典为",ASCII_dict)
```

程序输出

字典为{'A': 65, 'B': 66, 'C': 67, 'D': 68, 'E': 69, 'F': 70, 'G': 71, 'H': 72, 'I': 73, 'J': 74, 'K': 75, 'L': 76, 'M': 77, 'N': 78, 'O': 79, 'P': 80, 'Q': 81, 'R': 82, 'S': 83, 'T': 84, 'U': 85, 'V': 86, 'W': 87, 'X': 88, 'Y': 89, 'Z': 90}
删除键值对后的字典为{'K': 75, 'L': 76, 'M': 77, 'N': 78, 'O': 79, 'P': 80, 'Q': 81, 'R': 82, 'S': 83, 'T': 84, 'U': 85, 'V': 86, 'W': 87, 'X': 88, 'Y': 89, 'Z': 90}

7.3.6 popitem() 方法

popitem() 方法返回一个随机选择的键值对，并从字典中删除该键值对，该键值对将作为一个元组返回。一般格式如下：

```
dictionary.popitem()
```

可以使用以下格式的赋值语句将返回的键和值分配给多个单独的变量：

```
k,v=dictionary.popitem()
```

这种方式的赋值称为多重赋值，因为多个变量可以同时进行赋值。在一般格式中，k 和 v 是变量。该语句执行后，k 赋值为 dictionary 中随机选择的键，v 赋值为该键相对应的值。该键值对会被从字典中移除，如下：

```
>>> phonebook={'Jack':'666-111',
               'Tom':'666-222',
               'Sue':'666-333'}
>>> phonebook
{'Jack': '666-111', 'Tom': '666-222', 'Sue': '666-333'}
>>> key,value=phonebook.popitem()
>>> print(key,value)
Sue 666-333
>>> phonebook
{'Jack': '666-111', 'Tom': '666-222'}
```

第一行到第三行创建了一个包含三个元素的字典，并将其赋给 phonebook 变量；第四行显示字典的内容，如第五行所示；第六行调用了 phonebook.popitem() 方法，该方法返回的键和值会赋值给变量 key 和 value，该键值对将被从字典中删除；第七行显示了赋值后变量 key 和 value 的值，其输出结果如第八行所示；第九行显示了字典的内容，其输出结果如第十行所示，可以看到，第六行 popitem() 方法返回的键值对已被删除。

　　需要注意的是：popitems 无法对一个空字典进行操作，如果使用将导致 KeyError 异常。

程序 7-7　dict_demo7.py

```
'''
创建字符字典，然后使用popitem()方法删除字典中的元素，删除的元素使用列表
存储后输出
'''
import random
#创建空字典
my_dict=dict()
for times in range(11):
    number=random.randint(97,122)
    char=chr(number)
    #向字典添加元素
    my_dict[char]=number
print("原字典为",my_dict)
#从字典中删除数据
pop_list=[]
for i in range(5):
    key,value=my_dict.popitem()
    #删除的键值对用元组存储
    pop_tuple=(key,value)
    pop_list.append(pop_tuple)
print("删除元素后的字典为",my_dict)
#遍历删除的键值对
for item in pop_list:
    print(item)
```

程序输出
```
原字典为 {'a':97, 'y':121, 'l':108, 't':116, 'h':104, 'b':98, 'j':106, 'q':113, 'm':109, 's':115, 'd':100}
删除元素后的字典为 {'a':97, 'y':121, 'l':108, 't':116, 'h':104, 'b':98}
('d', 100)
('s', 115)
('m', 109)
('q', 113)
('j', 106)
```

7.3.7　values() 方法

　　values() 方法以字典视图（序列）的形式返回字典中的所有值（不包含键）。字典视图中的每个元素都是字典中的一个值。如下：

```
phonebook={'Jack':'666-111', 'Tom':'666-222', 'Sue':'666-333'}
```

如果调用 phonebook.values() 方法，它返回如下序列：

```
['666-111', '666-222', '666-333']
```

以下交互式会话说明了如何使用 for 循环遍历从 values() 方法返回的序列：

```
>>> phonebook={'Jack':'666-111',
               'Tom':'666-222',
               'Sue':'666-333'}
>>> for value in phonebook.values():
        print(value)
666-111
666-222
666-333
```

7.4   字典操作实例

前两节介绍了字典的创建、修改和访问等操作，这一节我们通过几个详细的例子更深入地了解字典。

7.4.1   程序 1

程序 7-8   dict_demo8.py

```
'''
用户在控制台输入字符串，用字典存储字符串中每个字符的个数，并输出最多的字符和最少的字符
'''
#用户输入字符串
string=input("请输入字符串:")
#创建字符存储字典
char_dict={}
for char in string:
    #如果char没有在字典中，将这个字符作为键添加到字典中，值为1
    if char not in char_dict:
        char_dict[char]=1
    #如果char在字典中，在原先值的基础上加1
    else:
        char_dict[char]=char_dict[char] +1
print("字典为",char_dict)
#创建列表
char_list=[]
for key,value in char_dict.items():
    char_list.append((key,value))
    #使用sorted()函数对字典元素的个数进行排序
```

```
char_list=sorted(char_list,key=lambda x:x[1])
print("最少的元素为:{0},数目是:{1}".format(char_list[0][0],char_list[0][1]))
print("最多的元素为:{0},数目是:{1}".format(char_list[-1][0],char_list[-1][1]))
```

程序输入

请输入字符串:Hello World python!

程序输出

字典为{'H':1, 'e':1, 'l':3, 'o':3, ' ':2, 'W':1, 'r':1, 'd':1, 'p':1, 'y':1, 't':1, 'h':1, 'n':1, '!':1}
最少的元素为:H,数目是:1
最多的元素为:o,数目是:3

7.4.2　程序 2

程序 7-9　dict_demo9.py

```
'''
字母加密，要求用户输入一串小写的英文字母，并创建一个加密字典，对{"a":"z",
"c":"1","g":"%","z":"@"}进行加密
'''
#创建加密字典
security_dict={"a":"z","c":"1","g":"%","z":"@"}
#用户输入字符串
string=input("请输入需要加密的字符串:")
#加密
security_string=' '
for char in string:
    if char in security_dict:
        security_string=security_string + security_dict[char]
    else:
        security_string=security_string + char
print("原字符串",string)
print("加密后的字符串",security_string)
#解密
#使用列表推导式进行解密
open_dict={value:key for key,value in security_dict.items()}
open_string=' '
for char in security_string:
    if char in open_dict:
        open_string=open_string + open_dict[char]
    else:
        open_string=open_string + char
print("解密后的字符串",open_string)
```

程序输入

请输入需要加密的字符串:aencgwizag

程序输出

原字符串aencgwizag
加密后的字符串zen1%wi@z%
解密后的字符串aencgwizag

7.4.3 程序 3

程序 7-10　dict_demo10.py

```python
#输入一个字符串，输出字符串中出现的字符
#用户在控制台输入一个字符串
string=input("请输入字符串:")
#创建字典
char_dict={}
#遍历字符串
for char in string:
    if char not in char_dict:
        char_dict[char]=' '
    else:
        pass
#遍历输出字符
print("出现的字符有:")
for char in char_dict.keys():
    print(char)
```

程序输入
请输入字符串: Hello World
程序输出
出现的字符有:
H
e
l
o
W
r
d

7.5　集合及其操作

7.5.1　创建集合

创建集合，必须调用内置的 set() 函数。下面是创建一个空集的例子：

```python
my_set=set()
```

执行该语句后，my_set 变量将引用一个空集，也可以传递一个参数到 set() 函数。传递的参数必须包含可迭代的元素，如列表、元组或字符串的对象。作为参数传递的对象，每个元素变为集合的元素。如下：

```
my_set =set([1,2,3])
```

该例子将列表作为参数传递给 set() 函数。执行该语句后，my_set 变量引用了一个集合，它包含元素 1、2 和 3。如果将一个字符串作为参数传递给 set() 函数，字符串中的每个字符变为集合中的成员。如下：

```
>>> my_set=set("abcd")
>>> my_set
{'b', 'd', 'c', 'a'}
```

执行该语句后，my_set 变量引用了一个集合，它包含元素 a、b、c 和 d。

集合不能包含重复的元素，如果有重复元素的参数传递给 set() 函数，重复的元素只有一个会出现在集合中。

```
>>> my_set=set("aabbcc")
>>> my_set
{'b', 'c', 'a'}
```

虽然字符 "a" 在字符串中出现了多次，但它只会在集合中出现一次。执行该语句后，my_set 变量将引用一个集合，它包含元素 a、b 和 c。

现在创建一个集合，其中的每个元素都是包含多个字符的字符串。例如：创建一个包含元素 Hello、World 和 Python 的集合。

```
>>> my_set=set('Hello','World','Python')
Traceback (most recent call last):
  File"<pyshell#50>", line 1, in <module>
    my_set=set('Hello','World','Python')
TypeError: set expected at most 1 argument, got 3
```

异常提示：只能给 set() 函数传递一个参数。该示例传递了三个参数，所以程序发生了异常。下面的代码也不能完成这个任务：

```
>>> my_set=set('Hello World Python')
>>> my_set
{'P', 'l', 'e', 'h', 'y', 'n', 'H', 'o', 'W', 'r', 'd', 't', ' '}
```

执行完该语句后，my_set 变量将引用一个集合，它包含元素 P、l、e、h、y、n、H、o、W、r、d、t、' '。

下面这个例子可以完成这个任务：

```
>>> my_set=set(['Hello','World','Python'])
>>> my_set
{'World', 'Python', 'Hello'}
```

执行完该语句后，my_set 变量将引用一个集合，它包含元素 Hello、World 和 Python。

7.5.2 获取集合中元素的数量

同列表、元组和字典一样，使用 len() 函数就可以获取集合中元素的数量。下面这段交互式会话展示了 len() 函数在集合中的应用：

```
>>> my_set=set(['Hello','World','Python'])
>>> len(my_set)
3
```

7.5.3 添加和删除元素

与列表和字符串一样，集合也是可变对象。这意味着可以向集合中添加元素，也可以删除集合中的元素，如使用 add() 函数向集合中添加元素：

```
>>> my_set=set(['Hello','World','Python'])
>>> my_set.add(1)
>>> my_set.add(2)
>>> my_set.add(3)
>>> my_set
{1, 2, 'Python', 3, 'World', 'Hello'}
>>> my_set.add(2)
>>> my_set
{1, 2, 'Python', 3, 'World', 'Hello'}
```

上述代码创建了一个含有三个字符串的集合，并向集合中添加了 1、2、3 三个数字。由于集合不允许重复元素的存在，无法再添加 2 这个元素，因此，最后的输出结果如最后一行所示。

如果需要添加多个元素，可以使用 update() 方法将一组元素一次性添加到集合中。使用 update() 方法时，可以将包含了可迭代元素（如列表、元组、字符串或另一个集合）的对象作为参数传递。如下：

```
>>> my_set1=set([1,2,3])
>>> my_set2=set(['a','b','c'])
>>> my_set1.update(my_set2)
>>> my_set1
{1, 2, 3, 'a', 'c', 'b'}
>>> my_set2
{'b', 'c', 'a'}
```

上节中，我们使用字典实现了统计字符串中出现的所有字符。现在，我们可以通过更简便的方法解决这个问题。

程序 7-11 set_demo1.py

```
#统计一个字符串中出现的所有字符
string=input("请输入字符串:")
```

```
#创建集合
my_set=set()
#向集合中添加检测的字符串
my_set.update(string)
#将集合转为列表并输出
my_list=list(my_set)
#输出字符
for char in my_list:
    print(char)
```

程序输入
请输入字符串: Hello World

程序输出

```
o
H
W
r
e
l
d
```

我们还可以使用 remove() 或 discard() 方法从集合中删除元素，并将要删除的元素作为参数传递给任何一个方法，然后该元素就会在集合中删除。

这两种方法的区别是：在集合中找不到指定元素时，它们显示的状态不同，remove() 方法会触发异常，discard() 方法不会触发异常。如下：

```
>>> my_set=set(['a','b','c','d','e'])
>>> my_set
{'e', 'c', 'b', 'a', 'd'}
>>> my_set.remove("a")
>>> my_set
{'e', 'c', 'b', 'd'}
>>> my_set.discard("e")
>>> my_set
{'c', 'b', 'd'}
>>> my_set.discard("a")
>>> my_set.remove("a")
Traceback (most recent call last):
  File "<pyshell#79>", line 1, in <module>
    my_set.remove("a")
KeyError: 'a'
```

上述代码创建了一个含有五个元素的集合，并分别使用 remove() 和 discard() 方法删除了集合中的部分元素。当我们尝试使用 discard() 删除不存在的元素时，并没有触发异常；但当我们使用 remove() 方法删除其中不存在的元素时，就会触发 KeyError 异常。

和字典一样，集合也能使用 clear() 方法删除其中的所有元素。如下：

```
>>> my_set=set(['a','b','c','d','e'])
>>> my_set
{'e', 'c', 'b', 'a', 'd'}
>>> my_set.clear()
>>> my_set
set()
```

当使用 clear() 方法时，程序会自动清空集合中的所有元素。需要注意的是：在最后输出表示一个空集的内容时，Python 解释器就会显示 set()。

程序 7-12   set_demo2.py

```
#创建一个返回0~20的随机数的集合，元素个数为10，删除偶数
#导入模块
import random
#创建列表
random_list=[]
times=0
for i in range(10):
    number=random.randint(1,20)
    if number not in random_list:
        random_list.append(number)
        times+=1
    if times==10:
        break
#列表转为集合
random_set=set(random_list)
print("集合为",random_set)
#遍历集合
remove_set=set()
    for number in random_set:
        if number%2==0:
            remove_set.add(number)
print("删除偶数后集合为",random_set-remove_set)
```
程序输出
集合为{1, 2, 7, 8, 9, 10, 15, 17, 19, 20}
删除偶数后集合为{1, 7, 9, 15, 17, 19}

7.5.4   使用 for 循环在集合上迭代

本节介绍使用 for 循环在集合中迭代所有的元素，其一般格式如下：

```
For var in set:
    statement
    statement
    etc.
```

其中,var 是变量的名称,set 是集合的名称。这个循环迭代了集合中的每个元素。

每次循环迭代时，var 被赋值为一个元素。如下：

```
>>> my_set=set(['a','b','c','d','e'])
>>> for value in my_set:
        print(value)
e
c
b
a
d
```

7.5.5 使用 in 和 not in 操作符判断集合中的值

在集合的操作中，还可以像字符串、列表、字典、元组一样使用 in 运算符来确定集合中是否存在一个值。如下：

```
>>> my_set=set(['a','b','c','d','e'])
>>> if 'a' in my_set:
        print("字符a在集合中")
字符a在集合中
```

第二行的 if 语句用来确定 a 是否在集合中。如果是，则执行 print() 输出语句。也可以使用 not in 操作符判断一个值是否不存在于集合中，如下：

```
>>> my_set=set(['a','b','c','d','e'])
>>> if 'g' not in my_set:
        print("字符g不在集合中")
字符g不在集合中
```

7.6 集合间的操作

7.6.1 求集合的并集

两个集合的并集是指包含两个集合中所有元素的集合，我们可以用 union() 方法获取两个集合的并集。一般格式如下：

```
set1.union(set2)
```

其中，set1 和 set2 都是集合。该方法返回一个包含了 set1 和 set2 中所有元素的集合。如下：

```
>>> set1=set([1,2,3,4,5,6])
>>> set2=set([3,4,5,6,7])
>>> set3=set1.union(set2)
```

```
>>> set3
{1, 2, 3, 4, 5, 6, 7}
```

第三行的语句使用 union() 方法以 set2 为参数调用 set1 对象。该方法返回一个包含了 set1 和 set2 中所有元素的集合。将所得集合分配给 set3 变量。

当然，也可以使用"|"操作符找到两个集合的并集。在两个集合间使用"|"操作符的一般格式如下：

```
set1 | set2
```

其中，set1 和 set2 都是集合。该表达式返回一个包含了 set1 和 set2 中所有元素的集合。如下：

```
>>> set1=set([1,2,3,4,5,6])
>>> set2=set([3,4,5,6,7,8])
>>> set3=set1|set2
>>> set3
{1, 2, 3, 4, 5, 6, 7, 8}
```

7.6.2 求集合的交集

两个集合的交集是两个集合中共同元素的集合，我们可以使用 intersection() 方法获取两个集合的交集。一般格式如下：

```
set1.intersection(set2)
```

其中，set1 和 set2 都是集合。该方法返回一个集合，该集合包含了 set1 和 set2 中共有的元素。如下：

```
>>> set1=set([1,2,3,4,5,6])
>>> set2=set([3,4,5,6,7,8])
>>> set3=set1.intersection(set2)
>>> set3
{3, 4, 5, 6}
```

第三行的语句使用 intersection() 方法以 set2 为参数调用 set1 对象。该方法返回一个集合，该集合包含了在 set1 和 set2 中都可以找到的元素，最后将所得集合分配给 set3 变量。

当然，也可以使用"&"操作符获得两个集合的交集。在两个集合间使用"&"操作符的表达式如下：

```
set1 & set2
```

其中，set1 和 set2 都是集合。该表达式返回一个集合，该集合包含了在 set1 和 set2 中都可以找到的元素。如下：

```
>>> set1=set([1,2,3,4,5,6])
```

```
>>> set2=set([3,4,5,6,7,8])
>>> set3=set1& set2
>>> set3
{3, 4, 5, 6}
```

7.6.3　求两个集合的差集

set1 和 set2 的差集是在 set1 中但不在 set2 中的元素的集合。在 Python 中，可以调用 difference() 方法获取两个集合的差集。一般格式如下：

```
set1.difference(set2)
```

其中，set1 和 set2 都是集合。该方法返回一个集合，该集合包含了在 set1 中但不在 set2 中的元素。如下：

```
>>> set1=set([1,2,3,4])
>>> set2=set([2,4,6,8])
>>> set3=set1.difference(set2)
>>> set3
{1, 3}
```

当然，也可以使用"-"操作符获得两个集合的差集。一般格式如下：

```
set1-set2
```

其中，set1 和 set2 都是集合。该表达式返回一个集合，该集合包含了在 set1 中但不在 set2 中的元素。如下：

```
>>> set1=set([1,2,3,4])
>>> set2=set([2,4,6,8])
>>> set3=set1 - set2
>>> set3
{1, 3}
```

7.6.4　求集合的对称差集

set1 和 set2 的对称差集是两个集合中非共有元素的集合。换言之，它们是只能在一个集合中而不能同时在两个集合中的元素。可以用 symmetric_difference() 方法获取两个集合的对称差集。一般格式如下：

```
set1.symmetric_difference(set2)
```

其中，set1 和 set2 都是集合。该方法返回一个集合，该集合包含了在 set1 中或在 set2 中但不同时在两个集合中的元素。如下：

```
>>> set1=set([1,2,3,4])
>>> set2=set([2,4,6,8])
>>> set3=set1.symmetric_difference(set2)
>>> set3
```

{1, 3, 6, 8}

也可以使用"^"操作符获得两个集合的对称差集。一般格式如下：

set1^set2

其中，set1 和 set2 都是集合。该表达式返回一个集合，该集合包含了在 set1 中或在 set2 中但不同时在两个集合中的元素。如下：

```
>>> set1=set([1,2,3,4])
>>> set2=set([2,4,6,8])
>>> set3 =set1^set2
>>> set3
{1, 3, 6, 8}
```

7.6.5   求子集和超集

假设有两个集合，其中一个集合包含另一个集合的所有元素。如下：

```
set1=set([1,2,3,4])
set2=set([2,3])
```

在这个例子中，set1 包含了 set2 的所有元素，这意味着 set2 是 set1 的一个子集，也意味着 set1 是 set2 的一个超集。在 Python 中，我们可以使用 issubset() 方法来确定一个集合是否是另一个集合的子集。一般格式如下：

set2.issubset(set1)

其中，set1 和 set2 都是集合。如果 set2 是 set1 的一个子集，该方法返回 True，否则返回 False。如下：

```
>>> set1=set([1,2,3,4,5])
>>> set2=set([1,5])
>>> set1.issubset(set2)
False
>>> set2.issubset(set1)
True
```

也可以使用"<＝"操作符来确定一个集合是否是另一个集合的子集，使用"＞＝"操作符确定一个集合是否是另一个集合的超集。在两个集合间使用"<＝"操作符的表达式的一般格式如下：

set2 <=set1

其中，set1 和 set2 都是集合。如果 set2 是 set1 的子集，该方法返回 True，否则返回 False。在两个集合间使用"＞＝"操作符的表达式的一般格式如下：

set1 >=set2

其中，set1 和 set2 都是集合。如果 set1 是 set2 的一个超集，该方法返回 True，否则返回 False。如下：

```
>>> set1=set([1,2,3,4,5])
>>> set2=set([1,5])
>>> set2 <=set1
True
>>> set2 >=set1
False
```

程序 7-13　set_demo3.py

```
#创建两个数字范围为0~10的集合
#导入模块
import random
#创建集合
my_set1=set()
my_set2=set()
#给集合赋值
for i in range(5):
    number1=random.randint(1,10 )
    number2=random.randint(1,10)
    my_set1.add(number1)
    my_set2.add(number2)
print("集合1为",my_set1)
print("集合2为",my_set2)
#集合的并集
print("集合1和集合2的并集为",my_set1.union(my_set2))
#集合的交集
print("集合1和集合2的交集为",my_set1.intersection(my_set2))
#集合的差集
print("集合1和集合2的差集为",my_set1.difference(my_set2))
#集合的对称差集
print("集合1和集合2的对称差集为",my_set1.symmetric_difference(my_set2))
#集合1是集合2的子集
print("集合1是集合2的子集",my_set1.issubset(my_set2))
#集合2是集合1的子集
print("集合2是集合1的子集",my_set1.issubset(my_set2))
```

程序输出
```
集合1为{8, 1, 2, 10}
集合2为{2, 3, 7, 9, 10}
集合1和集合2的并集为{1, 2, 3, 7, 8, 9, 10}
集合1和集合2的交集为{2, 10}
集合1和集合2的差集为{8, 1}
集合1和集合2的对称差集为{1, 3, 7, 8, 9}
集合1是集合2的子集False
集合2是集合1的子集False
```

习　题

选择题（可能存在多个答案）

1. 可以使用____操作符来确定字典中是否存在一个键。

A.&　　　B.in　　　C.or　　　D.?

2. 可以使用____从字典中删除元素。

A.remove() 方法　　　B.erase() 方法　　　C.delete() 方法　　　D.del 语句

3. ____函数返回字典中的元素个数。

A.size()　　　B.len()　　　C.elements()　　　D.count()

4. 可以使用____创建一个空的字典。

A.{}　　　B.()　　　C.[]　　　D.empty()

5. ____方法从字典中返回随机选择的键值对。

A.pop()　　　B.random()　　　C.popitem()　　　D.rand_pop()

6. ____方法返回与指定的键相关联的值，并从字典中删除该键值对。

A.pop()　　　B.random()　　　C.popitem()　　　D.rand_pop()

7. 字典的____方法返回与指定的键相关联的值。如果找不到键，则返回默认值。

A.pop()　　　B.key()　　　C.value()　　　D.get()

8. ____方法以元组序列的方式返回字典的所有键和相应的值。

A.keys_values()　　　B.values()　　　C.items()　　　D.get()

9. 下列函数返回集合中的元素个数的是____。

A.size()　　　B.len()　　　C.elements()　　　D.count()

程序题

1. 编写一个程序，读取文本文件的内容。该程序创建一个字典，字典中的键是文件中的单词，其关联的值是单词在文件中出现的次数。例如：单词 the 出现了 128 次，字典应该包含一个以 'the' 为键和 128 为值的元素。该程序显示每个单词出现的频率或者创建另一个文件，文件包含了每个单词及其频率的一个列表。

2. 编写一个程序，将姓名和电子邮件地址以键值对形式保存。该程序显示菜单，让用户查看一个人的邮件地址，或者添加一个新姓名及其邮件地址，或者修改已经存在的邮件地址，或者删除一个已经存在的姓名及其邮件地址，或者退出程序。根据用户的选择设置相应的操作。

3. 编写一个程序，让用户输入一系列单词，然后在用户输入的一系列单词中，显示唯一单词的列表。提示：将每个单词存储为集合中的一个元素。

    4. 编写一个程序，读取两个字符串的内容，并进行以下操作：

        显示包含在这两个字符串中的唯一单词列表。

        显示出现在两个字符串中的单词列表。

        显示出现在第一个字符串但在第二个字符串中没有出现的单词列表。

        显示出现在第二个字符串但在第一个字符串中没有出现的单词列表。

        提示：使用集合操作进行比较。

第 8 章

面向对象程序设计

8.1　面向对象编程概述

主要的程序开发思路有两种：一种是面向过程编程，另一种是面向对象编程。面向过程编程出现的时间比较早，比如常用的 C 语言就是典型的面向过程的编程语言。在开发中小型项目时，C 语言的执行效率很高，但面对当前的大中型项目开发就显得很乏力。

面向对象编程出现得比较晚，其典型代表是 Java 语言和 C++ 语言，这两种语言更适用于很多大型的开发场景。

两种编程的开发思想各有优劣。面向过程编程在实现功能时，主要看重的是程序开发过程中的步骤。其中的每一个步骤都需要程序员自己编写；而面向对象编程在实现功能时，看重的是如何实现这个过程。

面向对象编程的三大特征是：封装性、继承性、多态性。

面向对象编程是一种程序设计编程思想，简称为 OOP。OOP 把每个对象分成了一个程序基本单元，其中，对象既包含各种数据，又包含操作数据的相关函数。面向对象编程的出现，在很大程度上提高了用户在编程开发时的效率，也大大提高了程序的重要性。

函数和面向对象编程都是将已有的程序片段进行封装，方便后续编程的重复调用，以提高编程效率。两者的区别在于：函数的重点在于对函数整体的调用，一般作用于一段不可修改的程序，但只是解决了代码重用性的问题；而面向对象编程不仅有封装、继承、多态三大功能，还解决了代码的重用性，使程序变得更加灵活。

面向对象的重要术语精解：

（1）封装（Encapsulation）：把需要重复使用的函数或功能进行封装，方便其他程序访问或调用这些函数，提高了代码的安全性。

（2）继承（Inheritance）：子类继承父类的某些数据和功能。

（3）多态（Polymorphism）：一个函数所具有的多种表现形态，可以通过多种形式去调用这个函数，而函数表现的效果也是不同的。

（4）类：具有相同数据或者方法的一组对象的集合。

（5）对象：是一个类的具体实例。

（6）实例化：是一个对象实例化的实现。

（7）标识：每一个实例化对象都需要唯一的标识对该实例进行标识。

（8）实例属性：一个对象就是一组属性的集合。

（9）实例方法：所有存储、取出或更新某个实例对象的一条或者多条属性的函数的集合。

（10）类属性：一个类中所有对象的属性。

（11）类方法：那些无须对象实例化就能完成工作的类的函数。

8.2　封装、继承、多态

8.2.1　封装（Encapsulation）

封装，顾名思义，将程序代码封装到程序中的某个位置。面向对象编程的封装，就是使用构造方法将程序内容封装到对象中，然后通过对象方法或 self 关键字直接获取被封装的内容。如程序 8-1 所示。

程序 8-1　class_demo1.py

```python
#创建一个类并将它实例化
class Student:
#学生类
    def __init__(self,name,age,gender):
#类初始化
        self.name=name          #姓名
        self.age=age            #年龄
        self.gender=gender      #性别
    def eat(self):
#定义类函数
        print("{0},{1}岁,{2},吃饭".format(self.name,self.age,self.gender))
    def drink(self):
        print("{0},{1}岁,{2},喝水".format(self.name,self.age,self.gender))
    def sleep(self):
        print("{0},{1}岁,{2},睡觉".format(self.name,self.age,self.gender))
person1=Student('Jack',18,'男') #实例化对象
```

```
#调用类方法
person1.eat()
person1.drink()
person1.sleep()
person2=Student('Sue',19,'女')
person2.eat()
person2.drink()
person2.drink()
```
程序输出
```
Jack,18岁,男,吃饭
Jack,18岁,男,喝水
Jack,18岁,男,睡觉
Sue,19岁,女,吃饭
Sue,19岁,女,喝水
Sue,19岁,女,喝水
```

8.2.2 继承（Inheritance）

面向对象编程中的继承，和现实生活中的继承是类似的，也就是子可以继承父的内容。如程序 8-2 所示。

程序 8-2 class_demo2.py

```
#创建一个动物类，并使用继承创建猫类和狗类
#创建动物类
class Animal:
    #初始化
    def __init__(self):
    #设定name的值为空
        self.name=None
    def eat(self):
        print("{0}在吃饭".format(self.name))
    def drink(self):
        print("{0}在喝水".format(self.name))
    def sleep(self):
        print("{0}在睡觉".format(self.name))

#创建猫类，继承于动物类
class Cat(Animal):
    def __init__(self, name, age):
        super().__init__()     #继承父类的初始化方法
        self.name=name
        self.age=age
    def introduce(self):
        print('小猫的名字是:{0},年龄是{1}'.format(self.name,self.age))
    def catch_mouse(self):
        print("小猫{0}在抓老鼠".format(self.name))
    def jump(self):
```

```
            print("小猫{0}在跳高".format(self.name))
#定义狗类，继承于动物类
class Dog(Animal):
    def __init__(self, name, age):
        super().__init__()    #继承父类的初始化方法
        self.name=name
        self.age=age
    def introduce(self):
        print('小狗的名字是:{0},年龄是{1}'.format(self.name,self.age))
    def guard(self):
        print("小狗{0}在看门".format(self.name))
    def swimming(self):
        print("小狗{0}在游泳".format(self.name))
#实例化对象
cat=Cat("小花",7)
cat.introduce()
cat.drink()
cat.sleep()
cat.eat()
cat.jump()
dog=Dog('旺财',10)
dog.introduce()
dog.drink()
dog.eat()
dog.sleep()
dog.guard()
dog.swimming()
```

程序输出
```
小猫的名字是:小花,年龄是7
小花在喝水
小花在睡觉
小花在吃饭
小猫小花在跳高
小狗的名字是:旺财,年龄是10
旺财在喝水
旺财在吃饭
旺财在睡觉
小狗旺财在看门
小狗旺财在游泳
```

　　这里需要注意的是，在 Python 编程中，面向对象编程中的多继承，如果父类和子类都重新定义了构造方法 init()，那么在对子类进行实例化的过程中，子类的构造方法不会直接调用父类的构造方法，如果想要调用父类的构造方法，就必须使用 super() 函数。Python 中的类可以继承多个类，但是 Java 语言和 C++ 语言中的类只能继承一个类。

8.2.3　多态（Polymorphism）

Python 语言不支持多态，当然也无须支持多态，Python 本身就是一种多态语言。在程序设计过程中，鸭子类型是多态类型的一种风格（这个概念的名字来源于 James Whitcomb Riley 提出的鸭子测试）。在这种风格中，一个对象有效的语义，不是继承自特定的类或实现特定的接口，而是由当前的方法和属性的继承决定的。

"鸭子测试"可以这样表述："当看到一只鸟走起来像鸭子，游泳像鸭子，叫声也像鸭子，那这只鸟就可以被称为鸭子。"在鸭子类型中，关注的不是对象的类型本身，而是它是如何使用的。例如：在不使用鸭子类型的语言中，可以编写一个函数，让该函数接受这个类型为鸭子的对象，并调用它走和叫的方法。在使用鸭子类型的语言中，一个函数可以接受一个任意类型的对象，并调用它走和叫的方法。如果这些被调用的方法不存在，在运行时将引发错误。任何拥有这种走和叫的方法的对象都可被函数接受，因此称作鸭子测试。

鸭子类型通常不会用于测试方法和函数中参数的类型，而是依赖文档、清晰的代码和测试来确保正确使用。从静态类型语言转向动态类型语言的用户通常会添加一些静态的类型进行检查，来影响鸭子类型的用法和可伸缩性，也约束了语言的动态特征。例如：

程序 8-3　class_demo3.py

```python
#多态的实现
class A:
    def prt(self):
        print("A")
class B(A):
    def prt(self):
        print("B")
class C(A):
    def prt(self):
        print("C")
class D(A):
    pass
class E:
    def prt(self):
        print("E")
class F:
    pass
def test(arg):
    arg.prt()
a=A()
b=B()
c=C()
```

```
d=D()
e=E()
f=F()

#实例化类
test(a)
test(b)
test(c)
test(d)
test(e)
test(f)
Traceback (most recent call last):
File"C:\Users\lenovo\Desktop\python_project\python书籍\第八章\class_demo3.py",
line 39, in <module>
test(f)
File"C:\Users\lenovo\Desktop\python_project\python书籍\第八章\class_demo3.py",
line 24, in test
arg.prt()
AttributeError: 'F' object has no attribute 'prt'
A
B
C
A
E
```

本程序中，并未规定 test() 方法所接受的参数是什么类型的。test() 方法只规定了接受一个参数，并调用这个参数的 prt() 方法。如果在运行时有 prt() 方法，Python 就执行，如果没有，Python 就报错。因为 a、b、c、d、e 都有 prt() 方法，而 f 没有，所以得到了以上结果，这就是 Python 的运行方式。

8.3 类的定义和使用

8.3.1 类的定义

所谓的 Python 类，其实就是通过类定义数据类型的属性（数据）和方法（行为）。也就是说，类是将行为和状态打包到一起的抽象函数。如图 8-1 所示。

对象是类的具体实现，一般称为类的实例。如果把类看作"饼干模具"的话，那么对象就是用这个模具做的饼干。当一个类创建对象时，每个对象都会共

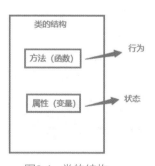

图8-1 类的结构

享这个类的行为（也就是类中定义的方法），但实际上，每个对象有自己的属性值（不共享状态）。更具体地说，在类中，方法代码是可以共享的，属性数据不共享。

在 Python 编程中，"一切皆对象"，类也被称为类对象，类的实例也被称为实例对象。类的定义与函数的定义类似，二者的区别是：类的定义需要使用关键字 class。两者的共同点是：在定义类时，使用缩进的形式来表示缩进的语句属于该类。定义类的语法格式如下：

```
class 类型:
    类体
```

与函数的定义相同，在使用类之前必须先定义类。类的定义一般放在脚本的头部，也可以在 if 语句的分支或者函数定义中定义类。例如：定义一个 human 类，并定义相关的属性。

```
class human:          #定义human类
    age=0             #定义age属性
    sex=""            #定义sex属性
    height=0          #定义height属性
    weight=0          #定义weight属性
    name=""           #定义name属性
```

除此之外，还可以通过继承的方式来创建类，通过类继承来定义类的基本形式如下：

```
class <类名>(父类名)
    <语句 1>
    <语句 2>
    ...
    <语句 n>
```

其中，圆括号中的父类名是需要去继承的类。下面这段代码演示了如何通过继承 human 类来生成一个新类。

```
class student(human)  #通过继承human类创建了student类
    school=""
    number=0
    grade=0
```

类定义后产生了一个类名的命名空间，与函数类似。在类内部使用的属性相当于函数中的变量名，可以在类的外部继续使用。类的内部与函数的内部一样，相当于一个局部作用域。不同类的内部也可以使用相同的属性名。

在我们定义类时，需要注意类名必须符合标识符的规则，类体我们可以定义属性和方法，其中属性是用来描述数据的，方法（即函数）则用来描述这些数据相关的操作。例如：

程序 8-4　class_demo4.py

```python
#定义一个学生类，为学生类初始化并实例化对象
#创建类
class Student:
    #初始化
    def __init__(self,name,age,id):
    #类变量赋值
        self.name=name
        self.age=age
        self.id=id
#定义类函数
    def introduce(self):
        print("我的名字是:{0},年龄是:{1},学号是{2}".format(self.name,self.age,self.id))
    def say_school(self):
        print("我来自×××学校")


#实例化对象
s1=Student("小华",19,'13451')
#调用类方法
s1.introduce()
s1.say_school()
s2=Student("小丽",18,'13452')
s2.introduce()
s2.say_school()
```

程序输出
```
我的名字是:小华,年龄是:19,学号是13451
我来自×××学校
我的名字是:小丽,年龄是:18,学号是13452
我来自×××学校
```

8.3.2　构造方法 __init__()

　　类是抽象的，因此类也被称为"对象的模板"。需要先通过类的模板创建类的实例化对象，然后再完成类的定义。一个 Python 对象包含如下部分：

```
id
type
value（对象的值）
属性（attribute）
方法（method）
```

　　在创建对象时，需要使用构造函数 __init__()，构造方法会执行实例化对象的初始工作。即当对象创建后，会初始化当前独享的相关属性，无返回值。

__init__() 方法的要点如下：

（1）名称固定，必须为 __init__()。

（2）第一个参数固定，必须为 self。self 指的是创建好的实例对象。

构造函数通常用来初始化实例对象的实例属性，例如下面的代码就是初始化一个实例属性，name 和 score：

```
def __init__(self,name,score):
    #实例属性
    self.name=name
    self.score=score
```

通过类型（参数列表）来调用构造函数，调用后，将创建好的对象返回给相应的变量。例如：

```
s1=Student("张三",80)
```

__init__() 方法：初始化创建好的对象，初始化是指给实例属性赋值。

__new()__ 方法：用于创建对象，一般无须重新定义该方法。

需要注意的是，在 Python 中，self 必须为构造函数中的第一个参数，名字虽可以修改，但一般仍习惯遵守惯例用 self。

8.3.3　实例属性和实例方法

实例属性是指属于实例对象的属性，也称为实例变量，使用时有以下要点：

（1）实例属性一般在 __init__() 方法中通过"self. 实例属性名 = 初始值"的方法进行定义。

（2）在本类的其他实例方法中，也可以通过 self 访问。

（3）创建实例对象后，通过实例对象进行访问。

```
#创建对象,调用__init__()初始化属性值
obj01=类名()
#可以给已有属性赋值，也可以加新属性值
obj01.实例属性名=值
```

实例方法是指属于实例对象的方法，实例方法的定义格式为：

```
def 方法名(self,[参数列表]):
    函数体
```

其方法的调用格式为：

```
对象.方法名([实参列表])
```

在定义实例方法时，第一个参数必须是 self。跟前面一样，self 指的是当前的实例对象；在调用实例方法时，不需要也不能给 self 传递参数，self 由解释器自动传

递参数。

函数和方法的异同：

都是用来完成一个功能的语句块，本质上是一样的；调用方法时，通过对象来进行。方法是属于特定实例对象的，普通函数没有这个特点。直观上看，方法定义时传递 self，而函数不需要。

8.3.4　类的使用

类在创建定义后必须先进行实例化才能使用。类的实例化与函数调用类似，使用类名加圆括号的格式就可以实例化一个类。

类在实例化后产生一个对象。一个类中可以实例化多个对象，对象与对象之间不会产生冲突，类实例化后就可以使用其属性、方法等。

程序 8-5　class_demo5.py

```
#定义一个Book类并定义类的属性，然后将类实例化
#定义类
class Book:
    #定义类属性
    author=""  #定义author属性
    name=""    #定义name属性
    pages=""   #定义pages属性
    price=""   #定义price属性
    press=""   #定义press属性

#实例化Book类
my_book1=Book()
#查看对象 my_book
print(my_book1)
#访问类属性
print(my_book1.author)
print(my_book1.pages)
print(my_book1.price)
#设置类属性
my_book1.author="Jack"
my_book1.pages=350
my_book1.price=35
#重新访问类属性
print(my_book1.author)
print(my_book1.pages)
print(my_book1.price)
#实例化Book类
my_book2=Book()
#访问类属性
print(my_book2.author)
```

```
print(my_book2.pages)
print(my_book2.price)
#设置类属性
my_book2.author="Sue"
my_book2.pages=250
my_book2.price=20
#访问类属性
print(my_book2.author)
print(my_book2.pages)
print(my_book2.price)
```

程序输出
```
<__main__.Book instance at 0x7fa8a8dd6690>
Jack
350
35
<__main__.Book instance at 0x7fa8a8dd6730>
Sue
250
20
```

上述例子只定义了类的属性，并在类实例化后重新设置其属性。从代码中可以看出，类的实例化相当于调用了一个函数，这个函数就是类。函数返回一个类的实例对象，返回后的对象就具有了类所定义的属性。上述例子生成了两个 Book 实例对象，设置其中一个对象的属性，并不会影响另一个对象的属性。也就是说，这两个对象是相互独立的。

需要注意的是：类要先经过实例化后才能使用其类方法和类属性，但在实际操作中，创建一个类后就可以直接通过该类名访问其属性。如果直接使用类名修改其类中的属性，会影响已经实例化的类对象。如下：

程序 8-6　class_demo6.py

```
#创建一个类
class A:
    #定义属性name，将其赋值"A"
    name="A"
    #定义属性num，将其赋值2
    num=2
    #直接使用类名访问类的属性
print(A.name)
print(A.num)

#实例化类
a=A()
#查看a的name属性
print(a.name)
#实例化类
```

```
b=A()
#查看b的name属性
print(b.name)
#使用类名修改name属性
A. name='B'
#a对象的name属性被修改
print(a.name)
#b对象的name属性也被修改
print(b.name)
程序输出
A
2
A
A
B
B
```

8.4　面向对象的各种方法

8.4.1　静态方法（用 @staticmethod 表示）

使用 @staticmethod 会截断函数和其所属的类，这意味着类将不属于这个类了，也就无法调用该类的属性，错误示例如下：

```
class Person(object):
    def __init__(self, name):
        self.name=name

    @staticmethod #把eat()方法变为静态方法
    def eat(self):
        print("%s is eating" % self.name)

d=Person("Xiaoming")
d.eat()
程序输出
TypeError: eat() missing 1 required positional argument: 'self'
```

该程序用静态方法把 eat 与类 Person 截断了，eat() 方法没有了类的属性，所以无法获取 self.name 变量。正确示例如下：

```
class Person(object):
    def __init__(self, name):
        self.name=name
```

```
        @staticmethod #把eat()方法变为静态方法
        def eat(x):
            print("%s is eating" % x)

    d=Person("Xiaoming")
    d.eat("Jack")
```

把 eat() 方法当作一个独立的函数给它传参即可。

8.4.2　类方法（用 @classmethod 表示）

类方法只能访问类变量，不能访问实例变量，错误示例如下：

```
class Person(object):
    def __init__(self, name):
        self.name=name

    @classmethod #把eat()方法变为类方法
    def eat(self):
        print("%s is eating" % self.name)

d=Person("Xiaoming")
d.eat()
程序输出
AttributeError: type object 'Person' has no attribute 'name'
```

因为 self.name 变量是实例化类后传进去的，而类方法不能访问实例变量，只能访问类里面定义的变量。正确示例如下：

```
class Person(object):
    name="Jack"
        def __init__(self, name):
            self.name=name

    @classmethod  #把eat()方法变为类方法
    def eat(self):
        print("%s is eating" % self.name)

d=Person("Xiaoming")
d.eat()
```

8.4.3　属性方法（用 @property 表示）

把一个方法变成一个静态属性，就不用加小括号去调用属性了，错误示例如下：

```
class Person(object):
    def __init__(self, name):
        self.name=name
```

```
        @property #把eat()方法变为属性方法
        def eat(self):
            print("%s is eating" % self.name)

d=Person("Xiaoming")
d.eat()
```
程序输出
```
TypeError: 'NoneType' object is not callable
```

因为 eat 此时已经不再是方法而变成一个属性了，若调用，不需要再加括号。

例如：

```
class Person(object):
    def __init__(self, name):
        self.name=name

    @property #把eat()方法变为属性方法
    def eat(self):
        print("%s is eating" % self.name)

d=Person("Xiaoming")
d.eat
```

8.5　高级面向对象

8.5.1　成员修饰符

Python 的类中成员有两种：私有成员和公有成员，不像 C++ 中的类，还有保护成员（protected）。默认情况下，Python 中所有的成员都是公有成员，Python 中没有特定的关键字去修饰成员，所以，创建私有成员就需要在变量名前添加两个下划线来标识。私有成员是不允许在类外直接访问的，必须通过内部的类方法访问，私有成员也无法被父类继承。

程序 8-7　class_demo7.py

```
#定义一个父类，进行初始化后添加私有变量，然后创建子类继承父类
#定义父类
class a:
    #说明父类的私有成员无法在子类中继承
    def __init__(self):
        self.num1=123
        self.__num2=456
#定义子类
```

```
class b(a):
    def __init__(self,name):
        self.name=name
        self.__age=18
        super(b,self).__init__() #这一行不报错
#定义类方法
    def show(self):
        print(self.name)
        print(self.__age)
        print(self.num1)
        print(self.__num2) #这一行也会报错
#实例化类
obj=b("小明")
print(obj.name)
print(obj.num1)
obj.show()
```

程序输出
```
小明
123
小明
18
123
Traceback (most recent call last):
File"C:\Users\lenovo\Desktop\python_project\python书籍\第八章\class_demo7.py",
line 26, in <module>
obj.show()
    File"C:\Users\lenovo\Desktop\python_project\python书籍\第八章\class_demo7.
py", line 21, in show
print(self.__num2)    #这一行也会报错
AttributeError: 'b' object has no attribute '_b__num2'
```

8.5.2　特殊成员

1. __init__()

可以将 __init__() 方法简单理解为类的构造方法（实际并不是构造方法，只是在类生成对象之后就被执行），在上一节已经做过说明。

2. __del__()

__del__() 方法是类中的析构方法，当对象消亡时（被解释器的垃圾回收机制回收时），在默认情况下，这个方法不进行任何操作。当然，没人知道对象是在什么时候被解释器作为垃圾回收的。所以，除非需要在类里面执行写操作，否则不要自定义这个方法。

3. __call__()

在类的对象被执行时便执行 __call__() 方法（obj() 或者类 ()）。

4. __int__()

在对象被包括在 int() 函数中时执行 __int__() 方法。如：int(obj)，如果 obj 对象的类中不含有 __int__() 方法，会产生 bug。这个方法中所返回的值也会被传递到 int 类型中进行类型转换。

5. __str__()

__str__() 方法和 __int__() 方法一样，当对象被包括在 str(obj) 函数中时，如果对象的类中不含有这个方法，将产生 bug。如果有这个方法，所返回的值也会被传递到 str 进行类型转换，成为字符串。

6. __add__()

在两个对象进行加法运算时使用 __add__() 方法，调用其中第一个对象的 __add__() 方法，会将第二个对象传递到 __add__() 方法的内部。用户可以自己定义函数体内部的方法，如下：

```
class abc:
    def __init__(self,age):
        self.age=age
    def __add__(self,obj):
        return self.age+obj.age
a1=abc(18)
a2=abc(20)
print(a1+a2)
程序输出
38
```

7. __dict__()

__dict__() 方法只存在于类中，在对象中无法找到。这个方法将会列举出类或对象中的所有成员，类函数。如下：

```
class abc:
    def __init__(self,age):
        self.age=age
    def __add__(self, obj):
        return self.age + obj.age
a1=abc(18)
print(abc.__dict__)
print(a1.__dict__)
程序输出
{'__module__':'__main__','__init__':<functionabc.__init__at0x-
0000011E74E719d8>,'__add__':<functionabc.__add__at0x0000011e74E71950>,'__
dict__':<attribute'__dict__' 'of'abc' objects>,'__weakref__':<attribute'__weakref__' of
'abc' objects>,'__doc__':None}
```

8. __getitem__()、__setitem__()和__delitem__()

__getitem__() 方法匹配：对象 [索引] 这种方式；__setitem__() 匹配：对象 [索引]=value 这种方式；__delitem__() 方法匹配：del 对象 [索引] 这种方式。如程序 8-8 所示。

程序 8-8　class_demo8.py

```
#创建类
class Person:
    #初始化
    def __init__(self,name,age):
        self.name=name
        self.age=age
    def __getitem__(self,item):          #匹配:对象[item]这种形式
        return item+10
    def __setitem__(self,key,value):   #匹配:对象[key]=value这种形式
        print(key,value)
    def __delitem__(self,key):          #匹配:del对象[key]这种形式
        print(key)

#实例化类
li=Person("Alex",18)
print(li[10])
li[10]=100
del li[10]
程序输出
20
10 100
```

9. __getslice__()、__setslice__()和__delslice__()

在 Python2.7 中还存在上述的三种方法，用来对对象进行切片操作，但在 Python3 版本之后，删除了这些特殊的方法，统一使用 __getitem__() 与 __setitem__() 这两种方法进行切片操作。但在使用它们之前，我们要先判断传递到参数的类型是否为 slice 对象。如下：

```
class Foo:
    def __init__(self,name,age):
        self.name=name
        self.age=age
        self.li=[1,2,3,4,5,6,7]
    def __getitem__(self, item):          #匹配:对象[item]这种形式
        if isinstance(item,slice):        #如果是slice对象，返回切片后的结果
            return self.li[item]           #返回切片结果
        elif isinstance(item,int):         #如果是整型，说明是索引
            return item+10
    def __setitem__(self, key, value):    #匹配:对象[key]=value这种形式
```

```
                print(key,value)
        def __delitem__(self, key):            #匹配:del对象[key]这种形式
                print(key)
        def __getslice__(self,index1,index2):
                print(index1,index2)
li=Foo("Alex",18)
print(li[3:5])
```
程序输出
```
[4, 5]
```

10. __iter__()

如果想把类的对象变成一个可迭代对象，那么对象中必须有 __iter__() 方法。这个方法返回的是一个迭代器。

for 循环所执行的对象如果是一个可迭代的对象，那么 for 循环在执行时会先执行类中的 __iter__() 方法来获取类的迭代器，然后再执行迭代器中的 __next__() 方法来获取数据。如果 for 循环的是一个迭代器，则直接执行迭代器中的 __next__() 方法。如下：

```
class Foo:
    def __init__(self,name,age):
        self.name=name
        self.age=age
    def __iter__(self):
        return iter([1,2,3,4,5]) #返回的是一个迭代器
li=Foo("Alex",18)
#1.如果类中有__iter__()方法，它的对象就是可迭代对象
#2.对象__iter()的返回值是一个迭代器
#3.for循环的如果是迭代器，直接执行__next__()方法
#4.for循环的如果是可迭代对象，先执行__iter__()，获取迭代器再执行__next__()
方法
for i in li:
    print(i)
```
程序输出
```
1
2
3
4
5
```

11. isinstance()和issubclass()

使用 isinstance() 函数可以判断一个变量是否是某一个数据类型。其实，isinstance() 函数不仅可以用来判断数据类型，还可以用来判断对象是否是这个类的对象或者是否为类的子类对象。如下：

```
class Foo:
    def __init__(self,name,age):
```

```
        self.name=name
        self.age=age
class Son(Foo):
    pass
obj=Son("Xiaoming",18)
print(isinstance(obj,Foo))
```
程序输出
```
True
```

issubclass() 用来判断一个类是否是某个类的子类，返回的是一个布尔类型数据。

如下：

```
class Foo:
    def __init__(self,name,age):
        self.name=name
        self.age=age
class Son(Foo):
    pass
obj=Son("Xiaoming",18)
print(issubclass(Son,Foo))
```
程序输出
```
True
```

8.5.3 类与对象

__new__()和__metaclass__()

在 Python 语言中，一切都是对象，类也是一个对象。那么，类是谁的对象呢？在 Python2.2 版本之前，所有的类都是 class 的对象，但在新版本中，Python 将类型（int、str、float 等）和类做了统一，所有的类都为 type 类型的对象。

当然，这个规则也可以被修改，在类中有一个 __metaclass__ 属性，该属性用来指定当前类应由哪个类进行实例化。而在创建对象的过程中，使用的是构造方法 __new__() 方法，而不是 __init__() 方法，这个方法会返回一个对象。程序 8-9 演示了类实例化对象内部的实现过程。

程序 8-9　class_demo9.py

```
#创建类
class Mytype(type):
    #初始化类
    def __init_(self,what,bases=None,dict=None):
    #继承类
        super(Mytype,self).__init__(what,bases, dict)
    #定义类方法
    def __call__(self,*args, **kwargs):
    #设置类属性
        obj=self.__new__(self)
```

```
            self.__init__(obj,*args,**kwargs)
            #设置返回值
            return obj
#创建类
class Foo:
    #定义类属性
    __metaclass__=Mytype
    #初始化类
    def __init__(self,name,age):
        self.name=name
        self.age=age
    def __new__(cls, *args,**kwargs):
    #设置返回值
        return object.__new__(cls)
#实例化类
obj=Foo("Xiaoming",18)
print(obj.name,obj.age)
程序输出
Xiaoming 18
```

8.5.4　异常处理

不同于 Java 中使用的 try catch finally，Python 使用 try except finally 组合实现异常捕捉。其中，except 中的 Exception 是所有异常的父类，下面是一个异常处理的示例：

程序 8-10　try_demo1.py

```
#使用try-except进行异常处理
try:
    int("aaa") #可能出现异常的代码
except IndexError as e:
'''
捕捉索引异常的子异常，注意：这里的as e在老版本的Python中可以写成 e，但在
新版本中用as e,".e"未来可能会被淘汰
'''
    print("IndexError:",e)
except ValueError as e: #捕捉Value错误的子异常
    print("ValueError:",e)
except Exception as e:
'''
如果上面两个异常没有捕获，那么使用Exception捕获，Exception能够捕获所有的
异常
'''
    print("Exception:",e)
else: #如果没有异常发生，执行else中的代码块
    print("True")
finally:
```

```
'''
不管是否发生异常，最后都会执行finally中的代码，假如try里面的代码正常执行，
则先执行else中的代码，再执行finally中的代码
'''
    print("finally")
```
程序输出
```
ValueError: invalid literal for int() with base 10: 'aaa'
finally
```

既然 Exception 是所有异常的父类，那么我们可以自己定义 Exception 的子类，实现自定义异常处理，如下：

异常处理中还有一个断言，用于判断执行环境。如果断言后面的条件不满足，系统就会抛出异常，并且后面的代码也不再执行。

```
print(123)
assert 1==2
'''
断言，故意抛出异常，做环境监测用，环境监测不通过，报错并结束程序
'''
print("456")
```
程序输出
```
assert 1==2
123
AssertionError
```

8.5.5 反射 / 自省

Python 通过 hasattr()、getattr()、setattr()、delattr() 这四个内置函数实现反射 / 自省。这四个内置函数不仅可以在类和对象中使用，也可以在模块的任何地方使用，但主要还是运用在类中，所以单独提出来进行解释。

（1）hasattr(key) 函数返回的是一个布尔值，判断某个成员或某个属性是否存在于类中。

（2）getattr(key,default=xxx) 函数将获取类或对象的成员和属性。如果成员和属性不存在，该函数会抛出 AttributeError 异常；如果在函数中定义 default，那么在没有成员和属性的情况下，返回默认值。

（3）setattr(key,value) 函数的作用是：假如有某个属性，那就更新这个属性；如果没有该属性，就添加这个属性并赋值为 value。

（4）delattr(key) 可以删除某个属性。

注意：上面所有的 key 都是字符串，不是变量。也就是说，我们可以通过字符串处理类中的成员或者对象中的属性。如下：

```
class Foo:
```

```
        def __init__(self,name,age):
            self.name=name
            self.age=age
        def show(self):
            return self.name,self.age
obj=Foo("Xiaoming",18)
print(getattr(obj,"name"))
setattr(obj,"k1","v1")
print(obj.k1)
print(hasattr(obj,"k1"))
delattr(obj,"k1")
show_fun=getattr(obj,"show")
print(show_fun())
```
程序输出
```
Xiaoming
v1
True
('Xiaoming', 18)
```

反射 / 自省能够直接访问、修改运行中的类和对象的成员和属性。这是一个很强大的功能，比 Java 效率高，所以经常被使用。下面是一个反射 / 自省用在模块级别的例子：

程序 8-11 try_demo2.py

```
#反射在Python中的使用
import s2
operation=input("请输入URL:")
if operation in s2.__dict__:
    getattr(s2,operation)()
else:
    print("404")
#模块s2中的代码:
def f1():
    print("首页")
def f2():
    print("新闻")
def f3():
    print("精选")
```
程序输入
```
请输入URL:f1
```
程序输出
```
首页
```

8.5.6 单例模式

本节介绍在面向对象编程设计中常用的设计模式——单例模式。面向对象编程中的单例模式就是一个类存在一个对象，所有的程序操作都是基于这个对象去实现的。如下：

程序 8-12   try_demo3.py

```
#Python中单例模式的实现
class Foo:#单例模式
    __v=None
    #定义类函数
    @classmethod
    def ge_instance(cls):
        if cls.__v:
            return cls.__v
        else:
            cls.__v=Foo()
        return cls.__v
#实例化对象
obj1=Foo.ge_instance()
print(obj1)
obj2=Foo.ge_instance()
print(obj2)
obj3=Foo.ge_instance()
print(obj3)
程序输出
<__main__.Foo object at 0x000002C2479C3F40>
<__main__.Foo object at 0x000002C2479C3F40>
<__main__.Foo object at 0x000002C2479C3F40>
```

从上述代码中可以看出，这三个对象的内存地址都是一样的。其实，这三个对象都存储于同一个类的内存地址中。这样设定的好处在于节约了内存资源，比如：在数据库操作过程中，我们经常使用的是单例模式，只创建一个类的对象提供给其他的程序去调用。在 Web 服务中接收请求也可以使用单例模式来实现，有助于节省资源。

习 题

选择题（可能存在多个答案）

1.＿＿＿＿编程实践侧重于数据与方法分离。

　　A. 过程化　　　B. 函数化　　　C. 面向对象　　　D. 模块化

2.＿＿＿＿编程实践集中在创建对象上。

　　A. 以对象为中心的　　　B. 对象化　　　C. 过程化　　　D. 面向对象

3. 类中引用数据是通过____。

　　A. 方法　　　B. 实例　　　C. 数据属性　　　D. 模

4. 一个对象是____。

　　A. 蓝图　　　B. 曲奇模具　　　C. 变量　　　D. 实例

5. 以下____方法可以对类外部代码隐藏类的属性。

　　A. 避免用 self 参数来创建属性

　　B. 用两个下划线开始属性的名称

　　C. 用 private_ 开始属性的名称

　　D. 用 @ 符号开始属性的名称

6. ____获取数据属性的值，但不会更改它。

　　A. 提取方法　　　B. 构造方法　　　C. 赋值器方法　　　D. 访问器方法

7. ____将值存储在数据属性中或以其他方式更改其值。

　　A. 修改方法　　　B. 构造方法　　　C. 赋值器方法　　　D. 访问器方法

8. 创建对象时会自动调用的方法是____。

　　A.__init__()　　　B.init()　　　C.__str__()　　　D.__object__()

程序题

1. 编写一个名为 Pet 的类，需用 __init__() 方法创建，并具有以下属性：

　　（1）name（宠物的名字）

　　（2）animal_type（宠物的动物类型，如狗、猫和鸟）

　　（3）age（宠物的年龄）

　　另外，还要求有如下方法：

　　（1）set_name()

　　此方法为 __name 属性赋值。

　　（2）set_animal_type()

　　该方法为 __animal_type 属性赋值。

　　（3）set_age()

　　此方法为 __age 属性赋值。

　　（4）get_name()

　　此方法返回 __name 属性的值。

　　（5）get_animal_type()

　　此方法返回 __animal_type 属性的值。

　　（6）get_age()

　　此方法返回 __age 属性的值。

完成 Pet 类定义后，写一个程序创建 Pet 类对象。提示用户输入宠物的名字、类型和年龄并且这些数据应该存储为对象的属性。使用对象的访问器方法来提取宠物的名字、类型和年龄，并在屏幕上显示这些数据。

2. 编写一个名为 Car 的类，它具有以下属性：

（1）year、model（车的年份和车型）

（2）make（汽车制造商）

（3）speed（车辆的当前速度）

要求用 __init__() 方法来接受汽车的年份、车型、制造商作为参数。这些值赋值给对象的类 year、model 和 make 属性，并将 speed 属性赋值为 0。

另外，还要求有如下方法：

（1）accelerate()

每次调用时，用 accelerate() 方法为速度的属性加上 5。

（2）brake()

每次调用时，用 brake() 方法将速度的属性减去 5。

（3）get_speed()

用 get_speed() 方法返回当前的速度。

接下来，设计一个程序，创建一个对象，然后调用 accelerate() 方法 5 次。在每次调用 accelerate() 方法后，获取汽车当前的速度并显示，然后调用 brake() 方法 5 次。在每次调用 brake() 方法后，获取汽车的当前速度并显示。

3. 编写一个将 Employee 对象存储在字典中的程序。使用员工 ID 号码作为 key，并显示一个菜单，然后执行以下操作：

在字典中查找雇员
将新员工添加到字典中
更改字典中现有员工的姓名、部门和职位
从字典中删除一名员工

4. 设计一个包含以下个人资料的类：姓名、地址、年龄和电话号码。编写访问器和赋值器方法。另外，编写一个程序来创建这个类的三个实例。一个实例保存自己的信息，另外两个保存朋友或家人的信息。

Python

第 9 章

Python 模块

9.1 模块的简介和使用

在 Python 语言中，有一个概念叫作模块（module）。模块与 C 语言中的头文件以及 Java 中的包类似，假如我们想在 Python 中调用 sqrt() 函数，就必须使用 import 关键字导入 math 模块。通俗地说，模块就好比工具包，如果使用工具包中的某个工具（函数），要先导入模块，然后才能使用模块中的工具。

模块分为内置标准模块（又称为标准库）、开源模块（第三方模块）、自定义模块。

下面的小节中，将详细介绍 Python 中的模块。

9.1.1 模块分类

1.内置模块

Python 编程中的所有变量和方法都保存在 Python 解释器中，如果从 Python 解释器退出，然后再重新进入程序，那么，之前定义的所有方法和变量都会消失，而模块解决了这个问题。模块将这些定义保存在一个文件中，供一些脚本或实例文件去调用。模块是一个包含所有拟定义的函数和变量的文件，其后缀名是“.py”，模块中的函数功能可以被别的程序引用，这也是使用 Python 标准库的方法。

Python 语言提供了很多标准模块，我们称之为 Python 的内置模块，如 math、random、time 模块等。

2.第三方模块

第三方模块是已经被定义好的模块，我们可以直接使用里面的函数。一般来说，安装第三方模块后才能调用里面的函数。通常，我们使用 pip 命令（第三方包管理工具）下载安装这些库。例如：

```
pip install第三方模块名称
```

3.自定义模块

自定义模块是自己创建的模块。在创建自定义模块时，要先创建模块包，也就是新建一个以".py"为后缀的源文件。如果想使用本地的 Python 文件，其导入的方式是一样的。

在创建自定义模块时，模块名要遵循 Python 变量命名的规范，不能使用中文和特殊字符，且模块名不能与系统模块名冲突。

模块的作用域：模块中的内容能否被其他模块直接访问的区域。模块的作用域一般分为 public（公有的、公开的）和 private（私有的、非公开的）；类似 _×××和 __×××这样的函数或变量，是非公开的（private），不应该被直接调用。之所以说"不应该"，是因为 Python 并没有一种方法可以完全限制访问非公开的函数或变量（其他模块可以直接访问这些以"_"开头的变量和函数）。但是，从编程习惯上，很少调用非公开的函数。

__name__：当直接运行该模块（当作主程序调用）时，__name__ 的值是 __main__；当该模块被其他程序引入的时候，__name__ 就是该模块名。所以，我们经常会在模块下面用 if 语句进行判断并测试代码："if __name__=='__main__':__all__"。如果通过 from 模块导入 import * 时，只能导入该模块最上面通过 __all__ 规定的列表里面的函数、变量或者类；__pycache__ 文件夹第一次导入某个模块时，系统会自动生成一个文件夹。里面存放的是模块的缓存字节码文件。再次使用的时候，如果该模块没有改变，那么直接使用这个缓存文件。

9.1.2　模块引入

1.import关键字

使用 import 关键字引入某个模块，如：引入 math 模块时，就可以在文件最开始的地方使用"import math"，其语法格式为：

```
import module1,module2...
```

在导入模块的代码时，可以将其放在任意位置。为了方便阅读，一般会放在程序的开头。

当解释器遇到 import 语句时，如果模块在当前搜索路径下就会被导入；在调用模块中的函数时，其语法格式为：

```
模块名.函数名
```

这种方式必须加上模块名。因为可能存在多个模块中含有相同名称的函数，此时，如果只是通过函数名来调用的话，解释器就不知道到底要调用哪个函数。所以，引入模块后再调用函数时必须加上模块名。

```
import math
#错误使用
print(sqrt(2))
#正确使用
print(math.sqrt(2))
```

解释器会先搜索所有目录的列表。不管执行了多少次 import，一个模块只会被导入一次，可以防止重复执行导入模块。有时为了方便使用，也会给模块起一个别名，语法格式为：

```
import 模块名 as 别名
```

如下面的代码：

```
#方式一，不定义别名
import 模块.定义模块                    #导入模块
print(模块.定义模块.a)                  #调用模块中的变量
print(模块.定义模块.max(6,6))           #调用模块中的函数
print(模块.定义模块.calculator.sum(9,9)) #调用类
print('*' * 50)
#方式一，定义别名
import模块.定义模块as m                 #别名为m
print(m.b)
print(m.min(8,5))
print(m.calculator.sum(6,6,6))
print('*'*50)
#方式二，普通方式
from 模块 import 定义模块               #导入模块
print(定义模块.a)                       #调用模块中的变量
print(定义模块.max(6,6))                #调用模块中的函数
print(定义模块.calculator.sum(5,55))
print('*'*50)
#方式二，导入模块并传参
from模块.定义模块 import a,b,max,min,calculator
#导入模块，多个变量、函数、类之间用逗号隔开
#from模块.定义模块 import *              #导入全部参数，不建议这么做
print(b)                                #调用模块中的变量
print(min(8,2))                         #调用模块中的函数
print(calculator.sum(8,8,8))
```

2.from…import…

若只想使用某个模块中的某个函数，可以只导入该模块中的某个函数，其语法

格式为：

```
from 模块名 import 函数名1,函数名2...
```

如要导入模块 fib 的 fibonacci() 函数，可以使用如下语句：

```
from fib import fibonacci
```

这个声明不会把整个 fib 模块导入当前的命名空间中，它只会将 fib 里的 fibonacci 引入 Python 解释器中。除了可以引入函数，还可以引入一些全局变量、类等，但需要注意的是：通过这种方式引入，在调用函数时只能给出函数名，不能给出模块名，但当两个模块中含有相同名称的函数时，再次引入时会覆盖前一次的引入。也就是说，假如模块 A 中有函数 function()，模块 B 中也有函数 function()，如果引入 A 中的 function() 在先，引入 B 中的 function() 在后，那么，在调用 function() 函数时，执行模块 B 中的 function() 函数。

3.from…import* 语句

把一个模块中的所有函数都调用到当前的作用域空间也是可以的，但需要使用如下的声明：

```
from 模块名称 import *
```

这就提供了一个简便的方法来导入一个模块中的所有函数和变量，但是需要在合适的情况下使用该语句。如一次性引入 math 模块中所有的内容，语句如下：

```
from math import *
```

4.import、from…import、from…import *三者的区别

import 模块：导入一个模块。注意：这里的导入相当于导入一个文件。

from… import：导入一个模块中的某一个函数。

所以，两者在引用文件时存在区别，如下：

```
import//模块.函数
from…import//直接使用函数名就可以
```

from… import *：把一个模块中的所有函数都导入进来。注意：这里的导入相当于导入了一个文件夹中所有的文件，所有函数都是绝对路径。

import 和 from… import 模块的变量、方法引用差异，仍以模块 support.py 举例：

```
def print_func( par ):
    print("Hello:", par)
    return
```

使用 import 引入并调用 support 模块的正确方法：

```
#!/usr/bin/python
```

```
# -*- coding: UTF-8 -*-

#导入模块
import support

#现在可以调用模块里包含的函数了
support.print_func("Runoob")
```

提示：不能直接使用 print_func() 实现调用，必须将引入的模块名称当作一个对象，调用这个模块对象下的方法 print_func() 才能实现。

使用 from…import 模块的正确方法：

```
#!/usr/bin/python
# -*- coding: UTF-8 -*-

#导入模块
from support import *

#现在可以调用模块里包含的函数了
print_func("Runoob")
```

提示：可以直接使用 print_func() 实现调用。一般来说，推荐使用 import 语句，使程序更加易读，也可以避免名称冲突。

5.搜索路径

若要导入一个模块，Python 解析器会根据模块位置确定搜索顺序：如果不在当前目录，Python 则在 shell 变量 PYTHONPATH 下搜索每个目录，如果都找不到，Python 会查看默认路径。UNIX 下，默认路径一般为：/usr/local/lib/python/。

模块搜索路径存储在 system 模块的 sys.path 变量中。变量里包含当前目录 PYTHONPATH 和由安装过程决定的默认目录。

6.PYTHONPATH变量

作为环境变量，PYTHONPATH 由装在一个列表里的许多目录组成。PYTHONPATH 的语法和 shell 变量 PATH 的一样。

在 Windows 系统中，典型的 PYTHONPATH 如下：

```
set PYTHONPATH=c:\python27\lib
```

在 UNIX 系统，典型的 PYTHONPATH 如下：

```
set PYTHONPATH=/usr/local/lib/python
```

9.2　Python 导入自定义模块的方法

9.2.1　将两个文件放在同一级别的目录下

假如有一个自定义模块 helloworld.py，它提供的 show() 函数仅仅是打印一行 "Hello World!"：

```
#helloworld.py
def show():
    print("Hello World!")
```

有一个文件 test.py，把它们放在同一个目录下。这样，在 test.py 中，可以直接导入这个模块：

```
#test.py
import helloworld
helloworld.show()
```

为了测试，把它们放在同一个目录里，运行 test.py，运行成功。

9.2.2　将自定义模块打包

将一组模块（.py 文件）放在一个文件夹中，在该文件夹中添加一个 __init__.py 文件。这时，文件夹就变成了一个包，将这个包放入 Python 的安装目录中，就可以在别的程序中调用这个包了。例如：创建一个名为 pck 的文件夹，然后将 helloworld.py 文件放入这个文件夹中，再放一个空的 __init__.py 文件，这个 pck 文件夹就成了一个包，最后将包放入上面提到的路径中，如 C:\ProgramFiles(x86)\Python35-32\Lib\site-packages。test.py 则放在非 site-packages 的路径中（为了和 site-packages/pck 下的模块区别路径），test.py 的内容如下：

```
#test.py
from pck import helloworld
pck.helloworld.show()
```

输出结果与之前相同。注意：上面的 show() 方法，因为是直接导入了模块，所以，我们在使用上面的 show() 方法时，"包名 + 模块名" 的前缀要写完整，否则可能找不到 show() 函数。

9.2.3　在 test.py 中设置模块搜索路径

将包 pck 放在 C 盘下（C:\pck）。此时，便可以在 test.py 中写如下代码：

```
#test.py
```

```
import sys
sys.path.append("C:\") #设置自定义包的搜索路径
from pck import helloworld
helloworld.show()
```

甚至可以不用包，直接将 helloworld.py 文件放在 C 盘下，然后在 test.py 中写：

```
#test.py
import sys
sys.path.append("C:\") #设置自定义包的搜索路径
import helloworld
helloworld.show()
```

9.2.4 使用 .pth 文件

任意脚本中用如下代码获取可放置 .pth 文件的路径：

```
import site
site.getsitepackages()
```

显示放置 .pth 的搜索路径如下：

```
C:\Program Files (x86)\Python35-32\lib\site-packages
```

创建一个名为 joepck 的测试包，将该测试包放在任意路径下。假如放在 C:\Joe，然后建立一个 .pth 文件：PckPath.pth。放置包的路径如下：

```
C:\Program Files (x86)\Python35-32\Lib\site-packages
```

在任意 py 脚本中使用 from import 语句来使用模块：

```
from joepck import helloworld
helloworld.show()
```

9.3   Python 中的包

9.3.1 介绍

Python 中的包是一个包含了 "__init__.py" 文件的文件夹。包只是模块的一种形式而已，包即模块。

在导入一个包的时候，Python 会根据 sys.path 中的目录寻找这个包中包含的子目录。目录只有包含一个叫作 __init__.py 的文件才会被认作是一个包，主要是为了避免一些名称影响搜索路径中的有效模块。

9.3.2　包的安装和发布

（1）在包同级的目录创建 setup.py。

输入如下代码：

```python
from setuptools import setup
# or
# from distutils.core import setup

setup(
    name='pkgdemo',
    version='1.0',
    description='This is a test of the setup',
    author='name', # 作者
    author_email='邮箱',
    url='http://a.b.c',
    packages=['pkgdemo']
)
```

（2）在命令行中运行 python setup.py build。

（3）生成发布的压缩包，运行 python setup.py sdist。

（4）把生成的压缩包解压。

（5）安装包。

（6）包的卸载：找到对应的位置删除即可。

9.4　常见的 Python 模块

9.4.1　Python 标准库

Python 提供了一个强大的标准库（标准库是随 Python 一起安装的，无须单独安装），内置了许多可以直接使用的模块。标准库和第三方库的使用发放基本上是一样的。

标准库主要有：

sys：获取 Python 解析的信息。

os：对操作系统进行访问，主要是对目录或者文件的操作。

math：数学运算。

random：主要用于生成随机数。

datetime：处理日期和时间，提供了多个类。

timc：处理时间。

标准库的使用代码如程序 9-1 所示。

程序 9-1　import_demo1.py

```
#模块的导入和使用
import sys
import os
import math
import random
#时间库的两种导入方法，用法不一样
import方法导入使用方法
import datetime
print(datetime.datetime.now())
#为了简便，建议使用这种方式导入时间库
#from导入使用方法
from datetime import datetime,timedelta
print(datetime.now())
import time
print(sys.version)#Python版本
print(sys.platform)#系统平台
print(sys.argv)#命令行参数
print(sys.path)#模块搜索路径，包含了Python解析器查找模块的搜索路径
print(sys.modules)#显示当前程序中引入的所有模块
print(sys.getdefaultencoding()) #默认字符集
#sys.exit(程序退出(自定义提示内容))#退出解析器
print("-------------------------------------")
print(os.name)#操作系统的类型
print(os.environ)#系统的环境变量
print(os.getcwd())#当前的目录
print(os.listdir( 'd:\'))#列出指定目录的内容
print(os.path.exists("d:\newfile"))#判断路径是否存在
#os.system("ping baidu.com")#执行系统
print("-------------------------------------")
print(math.pi)#获取圆周率
print(math.ceil,3.4)#向上取整（结果为4）
print(math.floor(3.4))#向下取整（结果为3）
print(math.pow(2,31)) #幂运算，即2的31次方
print(math.trunc(2.777))#去尾取整（结果为2）
print(round(2.777))#结尾取整（结果为3）
print(round(3.1415925,3))#四舍五入，保留3位小数
print("-------------------------------------")
```

```
print(random.random())#默认返回[0.1]之间的随机浮点数
print(random.randint(1,101))#返回1~101之间的随机整数
print(random.sample([1,2,3,33,44,16,66,7],2))#在数组中随机返回2个数值
print(datetime.datetime.now())
print(datetime.now())#默认显示当前时间年、月、日，时、分、秒、毫秒
print(datetime.strftime(datetime.now(),"%Y-%m-%d%H:%M.%S"))
#datetime转换为指定格式的文本，不支持中文
#如果要支持中文，可以使用占位符的方式实现
print(datetime.strftime(datetime.now(),"Y{0}-%m{1}-%d{2}}%H:%M:%S".format
("年","月","日"))
print(datetime.strptime("2020-04-11","%Y-%-%d"))#将str转换为datetime格式
print("--------------------------------------")
print(time.time())#返回当前的时间戳
print(int(time.time())#秒级时间戳
print(int(time.time()*1000))#毫秒级时间戳
time.sleep(5)#休眠5秒
```

9.4.2　Python 第三方模块

Python 社区提供了大量的第三方模块，使用方式与标准库类似。安装第三方模块可以使用包管理工具：pip（随 Python 一起安装的），需要在命令行输入：

```
pip install ××× (模块名)
```

我们也可以使用 PyCharm 进行安装。在 PyCharm 的设置中，选择项目下的 Python 解释器，在右侧可以看到包管理器。

安装新模块时，点击左上角的加号，搜索模块名，点击安装即可。

习　题

1. 导入 math 模块，并用它的函数完成下列练习（可以调用 dir(math) 来获取 math 中项的列表）。

a. 写出对 −2.8 向下取整的表达式。

b. 写出对 −4.3 四舍五入，然后取其绝对值的表达式。

c. 写一个表达式，计算 34.5 的正弦，并对结果进行向上取整。

2. 在下面的练习中，需要使用 Python 中的 calendar 模块：

a. 访问 Python 的文档网站：http://docs.python.org/release/3.6.0/py-modindex.html，查看 calendar 模块的文档。

b. 导入 calendar 模块。

c. 使用 help() 函数，阅读 isleap() 函数的描述。

d. 使用 isleap() 函数求出下一个闰年。

e. 使用 dir 获得 calendar 包含内容的列表。

f. 在 calendar 模块中找出一个函数并使用它计算 2000 年至 2050 年之间（包含边界）有多少个闰年。

g. 在 calendar 模块中找出一个函数并使用它计算 2016 年 7 月 29 日是星期几。

第 10 章

异常处理及程序调试

10.1 异常介绍

10.1.1 异常概述

在 Python 程序运行过程中，我们经常会遇到各种各样的程序错误，这些错误统称为"异常"。这些异常大都是用户造成的，包括 SyntaxError：invalid syntax（无效的语法）等。

这些异常会导致程序无法向下继续执行，在程序开发过程中也很容易被发现。还有一类是隐式的，通常和用户的操作有关。

Python 中常见的异常如表 10-1 所示。

表10-1　Python中常见的异常

异常	描述
NameError	尝试访问一个没有声明的变量引发的错误
IndexError	索引超出序列范围引发的错误
IndentationError	缩进错误
ValueError	传入的值错误
KeyError	请求一个不存在的字典关键字引发的错误
IOError	输入输出错误（如：要读取的文件不存在）
ImportError	当import语句无法找到模块或from无法在模块中找到相应的名称时引发的错误
AttributeError	尝试访问未知的对象属性引发的错误
TypeError	类型不合适引发的错误
MemoryError	内存不足引发的错误
ZeroDivisionError	除数为0引发的错误

10.1.2　异常捕获

在程序开发中，有些错误并不是在每次运行时都出现，这需要在开发程序时对可能出现的异常情况进行处理。Python 提供了 try…except 语句来捕获并处理异常。在使用时，把可能产生异常的代码放入 try 语句块中，把处理结果放入 except 语句块中。这样，当 try 语句块中的代码出现错误时，就会执行 except 语句块中的代码；如果 try 语句块中的代码没有错误，那么，except 语句块就不会被执行。

程序 10-1　try_demo1.py

```python
def division():
    """
    功能:分苹果
    return:无
    """
    print("\n===============分苹果了===============\n")
    apple=int(input("请输入苹果的个数:"))
    children=int(input("请输入小朋友的个数:"))
    result=apple//children
    remain=apple - result*children
    if remain > 0:
        print(apple,"个苹果,平均分给",children,"个小朋友,每人分",result,"个,剩
余",remain,"个")
    else:
        print(apple,"个苹果,平均分给",children,"个小朋友,每人分",result,"个")
#主要程序执行代码
try:
    division()
except ZeroDivisionError:
    print("\n出错了~-~小朋友的个数不能为0!")
except ValueError as e:
    print("输入错误:",e)
```
===============分苹果了===============
程序输入
请输入苹果的个数: abcd
程序输出
输入错误:invalid literal for int() with base 10:'abcd'
===============分苹果了===============
程序输入
请输入苹果的个数: 12
请输入小朋友的个数: 0
程序输出
出错了~-~小朋友的个数不能为0!
===============分苹果了===============
程序输入
请输入苹果的个数: 12

> 请输入小朋友的个数: 5
> **程序输出**
> 12个苹果,平均分给5个小朋友,每人分2个,剩余2个

与 Python 异常处理相关的关键字主要如表 10-2 所示。

表10-2　异常处理关键字

关键字	关键字说明
try/except	捕获异常并处理
pass	忽略异常
as	定义异常实例（except MyError as e）
else	如果try中的语句没有引发异常，则执行else中的语句
finally	无论是否出现异常，都执行的代码
raise	抛出/引发异常

异常捕获的方式有很多种，下面我们分别进行讨论：

1.捕获所有异常

包括键盘中断和一些程序的退出请求（使用 sys.exit() 无法退出程序，因为捕获了异常，慎用），其语法格式为：

```
try:
    <语句>
except:
    print('异常说明')
```

2.捕获指定异常

在执行程序时，会产生各式各样的异常。对于不同类型的异常，需要使用不同的解决方法。这时，捕获错误类型就很必要了，其语法格式为：

```
try:
        <语句>
except <异常名>:
        print('异常说明')
```

万能异常捕获语法格式：

```
try:
        <语句>
except Exception:
        print('异常说明')
```

当 Python 解释器抛出异常时，最后一行错误信息的第一个单词，就是错误类型。

异常类型捕获如：

```
try:
    f=open("file-not-exists", "r")
except IOError as e:
    print("open exception: %s: %s" %(e.errno, e.strerror))
```

3.捕获多个异常

捕获多个异常有两种方式：第一种，一个 except 同时处理多个异常，不区分优先级，其语法格式为：

```
try:
    <语句>
except (<异常名1>, <异常名2>, …):
    print('异常说明')
```

第二种，区分优先级，其语法格式为：

```
try:
    <语句>
except <异常名1>:
    print('异常说明1')
except <异常名2>:
    print('异常说明2')
except <异常名3>:
    print('异常说明3')
```

这种异常处理的顺序是：先使用 try 语句，如果 try 语句中发生了异常，执行过程将会跳到第一个 except 语句中；如果第一个 except 中定义的异常与引发的异常匹配，则执行该 except 结构体中的语句；如果引发的异常与第一个 except 不匹配，则会向下搜索第二个 except（在 try 语法中，可以有任意数量的 except 语句）；如果所有的 except 都不匹配，则产生的异常将被传递到下一个调用本代码的最高层 try 代码中。

4.异常中的else和finally

如果判断完没有某些异常之后还想做其他的事情，就可以使用异常处理中的 else 语句，其语法格式为：

```
try:
    <语句>
except <异常名1>:
    print('异常说明1')
except <异常名2>:
    print('异常说明2')
else:
    <语句>        # try语句中没有异常则执行此段代码
```

对于 try… finally…语句，无论是否发生异常，都会执行 finally 后的代码，例如：

```
str1='hello world'
try:
    int(str1)
except IndexError as e:
    print(e)
except KeyError as e:
    print(e)
except ValueError as e:
    print(e)
else:
    print('try内没有异常')
finally:
    print('无论异常与否,都会执行我')
```

10.1.3　采用 traceback 模块查看异常

Python 程序在发生异常时，Python 会"记住"产生的异常以及当前程序的执行状态。Python 语言还维护着 traceback（跟踪）对象，其中含有异常发生时与函数调用堆栈有关的信息，异常可能会在一些嵌套程度比较深的函数体中引发。当程序调用每个函数时，Python 将会在函数调用堆栈的起始处插入调用函数的函数名。一旦程序中引发异常，Python 会搜索一个相应的异常处理程序。如果没有定义异常搜索函数，那么当前执行的函数会终止执行，Python 会搜索当前函数的调用函数，并以此类推，最终发现引发异常的函数，或者直到 Python 抵达主程序为止。

这一套查找异常引发过程的操作称为"堆栈辗转开解"（Stack Unwinding）。解释器一方面维护着与堆栈中的函数有关的信息，另一方面也维护着与已经从堆栈中辗转开解的函数有关的信息。其语法格式为：

```
try:
    block
 except:
    traceback.print_exc()
```

如：

```
try:
    1/0
except Exception as e:
    print(e)
```

如果这样写的话，程序会报"division by zero"错误，但我们并不知道是在哪个文件、哪个函数、哪一行出的错。

另外，traceback.print_exc() 与 traceback.format_exc() 有什么区别呢？区别就是：format_exc() 返回字符串，print_exc() 则直接打印出来，即 traceback.print_exc() 与

print(traceback.format_exc()) 效果是一样的。print_exc() 还可以接受 file 参数直接写入一个文件。

10.2 程序调试

在程序开发过程中，难免会遇到一些语法和逻辑方面的错误。语法方面的错误比较容易发现，因为发生语法错误时，程序会立即停止运行，并给出错误提示，但是逻辑错误就很难发现，因为程序会一直执行下去，但结果是错误的，所以逻辑错误要通过调试程序才能发现。

很多程序几乎不会一次就能执行成功，一次成功的概率不超过 1%，写程序的过程中总会产生各种各样的 bug，需要用户修正。有的 bug 很简单，通过程序的报错信息就可以很快解决，但有的 bug 很复杂，必须等到程序执行错误或变量赋值出现问题时才能发现，因此需要一整套调试程序的手段来修复 bug。下面的小节中介绍的是 Python 常用的调试方法。

10.2.1 断点打印法

这种方法是最简单、最直接的方法，使用 print 语句将可能有问题的变量打印出来，例如：

```
def foo(s):
    n=int(s)
    print('>>> n=%d' % n)
    return 10/n
def main():
    foo('0')
main()
```

执行后在输出中查找打印的变量值：

```
D:\demo\venv\rumenshu\Scripts\python.exe D:\备份\demo\Python\17-python从入门
到精通\异常处理.py
Traceback (most recent call last):
  File"D:\备份\demo\Python\17-python从入门到精通\异常处理.py", line 36, in
<module>
    main()
  File"D:\备份\demo\Python\17-python从入门到精通\异常处理.py", line 33, in main
    foo('0')
  File"D:\备份\demo\Python\17-python从入门到精通\异常处理.py", line 29, in foo
    return 10/n
```

```
ZeroDivisionError: division by zero
>>> n=0
进程已结束，退出代码为: 1
```

使用 print 最大的缺点是之后还要删掉它。因为使用 print 检查的话，程序里会有很多 print，运行结果也会包含很多垃圾信息，所以还有第二种方法：断言。

10.2.2 断言

凡是用 print 辅助查看的地方，都可以用断言（assert）替代，例如：

```
def foo(s):
    n=int(s)
    assert(n !=0, 'n is zero!')
    return 10/n

def main():
    foo('0')
```

assert 的意思是：表达式 n !=0 应该是 True，否则后面的代码就会出错。如果断言失败，assert 语句本身就会抛出 AssertionError：

```
D:\demo\venv\rumenshu\Scripts\python.exe D:\备份\demo\Python\17-python从入门
到精通\异常处理.py
D:\备份\demo\Python\17-python从入门到精通\异常处理.py:40: SyntaxWarning:
assertion is always true, perhaps remove parentheses?
assert(n !=0, 'n is zero!')
进程已结束，退出代码为: 0
```

关闭后，可以把所有的 assert 语句当成 pass。

10.2.3 logging 日志

还有一种方法，就是把 print 替换为 logging。和 assert 相比，logging 不会抛出错误，而且可以输出到文件：

```
import logging
s='0'
n=int(s)
logging.info('n=%d'%n)
```

logging.info() 可以输出一段文本，运行以后可以发现，除了 ZeroDivisionError，没有任何信息，在 import logging 之后添加一行配置，如：

```
import logging
logging.basicConfig(level=logging.INFO)

#输出结果为：
INFO:root:n=0
```

```
Traceback (most recent call last):
  File "err.py", line 8, in <module>
    print 10/n
ZeroDivisionError: integer division or module by zero
```

这就是使用 logging 函数的好处，它允许指定需要记录信息的级别，有 debug、info、warning、error 等几个级别。当我们指定 level=INFO 时，logging.debug 就不起作用了。同理，指定 level=WARNING 后，debug 和 info 就不起作用了。这样一来，我们就可以放心地输出不同级别的信息，也不用删除，最后统一控制输出那个级别的信息即可。

logging 的另一个好处是：通过简单的配置，一条语句可以同时输出到不同的地方，比如 console 和文件。

10.2.4 pdb 调试

在 Python 调试过程中，我们也可以使用"python-m pdb ×××.py"在命令行中进行调试，让程序以单步方式运行，这样我们就可以随时查看运行状态了。如我们准备的"异常处理 .py"文件：

```
s='0'
n=int(s)
print(10/n)
```

运行命令：

```
(rumenshu) D:\备份\demo\Python\17-python从入门到精通>python-m pdb 异常处理.py
>d:\备份\demo\Python\17-python从入门到精通\异常处理.py(48)<module>()
->s='0'
(pdb)以参数"-m pdb"启动后，pdb 定位到下一步要执行的代码"->s='0'"，输入命令"l"来查看代码：
(Pdb) l
43    #
44    #def main():
45    #foo('0')
46
47
48    ->s='0'
49    n=int(s)
50    print(10/n)
51
52
53
(Pdb)
```

输入命令 n 可以单步执行代码：

```
(Pdb) n
>d:\备份\demo\Python\17-python从入门到精通\异常处理.py(49)<module>()
->n=int(s)
(Pdb)
>d:\备份\demo\Python\17-python从入门到精通\异常处理.py(50)<module>()
->print(10/n)
(Pdb)
```

任何时候都可以输入命令 p 来查看变量：

```
(Pdb) p n
0
(Pdb) p s
'0'
(Pdb)
```

输入命令 q 结束调试，退出程序：

```
(Pdb) q
(rumenshu) D:\备份\demo\Python\17-python从入门到精通>
```

通过 pdb 在命令行进行调试，可以调整很多异常情况，但每行代码都这样处理太麻烦了。假设程序有 1000 行代码，那就需要插入 999 行命令，所以，我们需要另一种调试方法——pdb.set_trace()。这种调试方法也是使用 pdb，但它不需要单步执行，只需要执行 import pdb 语句，然后在可能出错的地方放一个 pdb.set_trace() 就可以设置一个断点。如下：

```
import pdb
s='0'
n=int(s)
pdb.set_trace()#运行到这里自动暂停
print(10/n)
```

运行代码，程序在 pdb.set_trace() 处会自动暂停并进入 pdb 调试环境。我们可以用命令 p 查看变量，或者用命令 c 继续运行：

```
D:\demo\venv\rumenshu\Scripts\python.exe D:\备份\demo\Python\17-python从入门
到精通\异常处理.py
>d:\备份\demo\Python\17-python从入门到精通\异常处理.py(56)<module>()
->print(10/n)
(Pdb) c
Traceback (most recent call last):
File"D:\备份\demo\Python\17-python从入门到精通\异常处理.py", line 56, in
<module>
    print(10/n)
ZeroDivisionError: division by zero
进程已结束，退出代码为:1
```

这种方式比直接启动 pdb 单步调试更高效。

10.2.5　IDE 调试

如果要设置断点、单步执行，就需要一个支持调试功能的 IDE。目前比较好的 Python IDE 有 PyCharm。另外，Eclipse 加上 PyDev 插件也可以调试 Python 程序。

习　题

1. 以下＿＿不是异常处理关键字。

    A.import　　　B.as　　　C.else　　　D.raise

2. 捕获多个异常有＿＿种方式。

    A.1　　　B.3　　　C.2　　　D.6

3. 编写处理异常的代码是＿＿。

    A.run/handle　　　B.try/except　　　C.try/handle　　　D.attempt/except

程序题

1. 定义一个函数 func(listinfo)，listinfo 为列表，listinfo=[133,88,24,33,232,44,11,44]，返回列表中小于 100 且为偶数的数。

2. 编写一个列表越界的异常。

3. 编写代码，运算 a/b，先判断 b 是不是等于零，如果 b 等于零，抛出分母为零异常。

4. 从命令行得到五个整数，并放入一列表中，然后打印输出。要求：如果输入的数据不是整数，要捕获产生的异常，显示"请输入整数"；捕获输入参数不足五个的异常（越界），显示"请输入至少五个整数"。

5. 写一个方法 sanjiao(a，b，c)，判断三个参数是否能构成一个三角形。如果不能，则抛出异常 IllegalArgumentException，显示异常信息"无法构成三角形"；如果可以构成三角形，则显示三角形的三个边长，在方法中得到命令行输入的三个整数，调用此方法，并捕获异常。

第 11 章

文件及目录操作

11.1 基本文件操作

学习完所有的数据类型后，接下来学习 Python 中一些常用的对文件进行的操作。

11.1.1 打开文件

在 Python 语言中，内置了 file（文件）对象。在使用文件对象前，需要先用内置函数 open() 创建一个文件对象，然后通过该对象提供的方法进行一些基本的文件操作。open() 函数的基本语法格式为：

```
file=open(fileName[,mode[,buffering]])
```

file：被创建的文件对象。

fileName：创建或打开的文件名称，需要使用单引号或双引号括起来。如果打开的文件和当前的程序都在同一目录下，那么 fileName 为文件名，否则就需要加上完整的文件路径。

mode：可选参数，用于指定所选文件的打开模式，默认的文件打开模式为只读（即 r）。mode 的参数值说明如表 11-1 所示。

表11-1 mode的参数值说明

值	说明	注意
r	程序将以只读模式打开文件，文件的指针将会出现在文件首部	文件必须存在
rb	程序以二进制格式打开文件，并且采用只读模式。文件的指针将会出现在文件的开头。一般用于处理非文本文件，如图片、视频等	文件必须存在
r+	打开文件后，可以读取文件中的内容，也可以写入新的内容覆盖原来的内容（从文件开头进行覆盖）	文件必须存在

值	说明	注意
rb+	程序以二进制格式打开文件，并且采用读写模式。文件的指针将会出现在文件的开头。一般用于处理非文本文件，如图片、视频等	文件必须存在
w	以只写模式打开文件	若文件存在，则将其覆盖，否则创建新文件
wb	程序以二进制格式打开文件，并且采用只写模式。一般用于处理非文本文件，如图片、视频等	若文件存在，则将其覆盖，否则创建新文件
w+	程序打开文件后，先清空文本中原有的内容，使其变为一个空的文件，且对这个空文件有读写的权限，否则创建读写	若文件存在，则将其覆盖，否则创建新文件
wb+	程序以二进制格式打开文件，并且采用读写模式。一般用于处理非文本文件，如图片、视频等	若文件存在，则将其覆盖，否则创建新文件
a	程序以追加模式打开一个文件。如果该文件已经存在于文件夹中，文件指针将会被放在文件的末尾（即新内容被写入已有内容之后）	暂无
ab	程序将以二进制格式打开文件，并且采用追加模式。如果文件夹中存在文件，文件指针将会出现在文件末尾（即新内容被写入已有内容之后）	暂无
a+	程序将以读写模式打开文件。如果该文件已经存在于文件夹中，文件指针将被放在文件的末尾（即新内容被写入已有内容之后），否则创建读写	暂无
ab+	程序将以二进制格式打开文件，并且采用追加模式。如果该文件夹中存在文件，文件指针将被放在文件的末尾（即新内容被写入已有内容之后），否则创建读写	暂无

buffering：可选参数，用于指定读写文件的缓冲模式，值为 0 表示不缓存，值为 1 表示缓存，如果大于 1 则表示缓冲区的大小，默认为缓存模式。例如：

```
file1=open('message.txt','w')    #使用w、w+、a、a+方式打开文件，如果文件不存在，则创建文件
file2=open('picture.png','rb')    #以二进制格式打开非文本文件
file3=open('notice.txt','r',encoding='utf-8')        #指定编码格式打开文件
```

open() 函数默认 GBK 编码，也可以指定其他编码，如"utf-8"。

什么是二进制文件？

广义的二进制文件就是指文件，因文件在外部设备的存放形式为二进制而得名。狭义的二进制文件是指文本文件以外的文件。文本文件是由多行字符构成的文件。文本文件会被存储在计算机的系统内存中，通常会在文本文件的最后一行放置结束标志。文本文件的编码主要基于字符的个数，编译码相对容易；二进制文件编码的长度会发生改变，灵活利用率也相对比较高，而译码要难一些。此外，不同的二进制文件译码方式也是不同的。

本质上，文本文件和二进制文件之间没有区别，因为它们在计算机中是一种存储方式。它们的主要区别是：文本文件中的每个字符均由一个或多个字节组成，每个字符都是用 −128~127 之间的数值表示。也就是说，−128~127 之间还有一些数据没有对应任何字符的任何字节。如果文件中的每个字符都能使用 −128~127 之间的数值表示，则称之为文本文件。可见，文本文件只是二进制文件中的一种特殊情况，由于很难细致区分文本文件和二进制文件之间的概念，为了更好地区别于文本文件，就把除了文本文件以外的文件命名为二进制文件。所以，如果一个文件只用于存储文本字符，不包含字符以外的其他任何数据，这种文件就称为文本文件，除此之外的文件就是二进制文件。

为什么要使用二进制文件？原因主要有三个：

第一，二进制文件相对于文本文件更节约空间，这两者储存字符型数据时没有差别。但在储存数字，特别是实型数字时，二进制更节省空间。如储存数据 3.1415927，文本文件需要 9 个字节，分别储存 3.1415927 这 9 个 ASCII 值；而二进制文件只需要 4 个字节（DB 0F 49 40）。

第二，内存中参加计算的数据都是用二进制无格式储存的。因此，使用二进制储存到文件就更快捷。如果储存为文本文件，则需要一个转换的过程。在数据量很大的时候，两者会有明显的速度差别。

第三，对于一些比较精确的数据，使用二进制储存不会造成有效位的丢失。

11.1.2　关闭文件

打开文件后需要及时关闭，以避免对文件造成不必要的破坏。关闭文件可以使用文件对象的 close() 方法实现。close() 方法会先刷新缓冲区中未写入的信息，然后再关闭文件，这样可以将没有写入文件的内容写入文件。关闭文件后就不能再写入了，其使用方法为：

```
file.close()
```

为了避免忘记关闭文件，或者打开文件异常导致文件不能被及时关闭，可以使用 Python 提供的 with 语句，从而实现处理文件时，无论是否抛出异常，都能保证执行完 with 语句后关闭已经打开的文件。with 语句的基本语法格式为：

```
with expression as target:
    with-body
```

具体参数说明如下：

expression：指定表达式，可以是 open() 函数。

target：指定变量，将打开的文件保存在变量内。

with-body：指定执行语句。

例如：

```
with open('happy.txt', 'w') as f :
    pass
```

该例子中，as 将文件函数重新命名，然后使用别名对文件进行操作。

11.1.3　写入文件

Python 的文件对象提供了 write() 方法，可以向文件中写入内容。在写入文件后，一定要调用 close() 方法关闭文件，否则写入的内容不会保存到文件中。这是因为在写入文件内容时，操作系统不会立刻把数据写入磁盘，而是先缓存起来，只有当调用 close() 方法时，操作系统才会把没有写入的数据全部写入磁盘。例如：

```
file=open('message.txt', 'a')
file.write("Hello World!\n")
file.write("Hello Python!")
file.close()
```

在文件中写入内容后，如果不想马上关闭文件，可以调用文件对象提供的 flush() 方法，把缓冲区的内容写入文件，这样也能保证数据全部写入磁盘。

11.1.4　读取文件

Python 中的文件对象提供了 read() 方法来读取指定个数的字符，其语法格式为：

```
file.read([size])
```

其中，size 为可选参数，用于指定要读取的字符个数，如果省略则一次性读取所有内容；使用 read() 方法读取文件时，是从文件的开头开始的。如果想要读取部分内容，可以先使用文件对象的 seek() 方法将文件的指针移动到新的位置，然后再调用 read() 方法读取。seek() 方法的语法格式为：

```
file.seek(offset,[,whence])
```

file：表示已经打开的文件对象。

offset：用于指定移动的字符个数，其移动的具体位置与 whence 有关。

whence：用于指定从什么位置开始计算。值为 0 表示从文件头开始计算，1 表示从当前位置开始计算，2 表示从文件末尾开始计算，默认为 0。

程序 11-1   open_demo1.py

```
#读取文本内容
if __name__=='__main__':
    #以只读的方式打开文件，文字编码为utf-8
    with open("message", 'r', encoding='utf-8') as file:
        str1=file.read(32)          #从1位读取到32位
        print(str1)
        print("-----")
        str2=file.read(60)          #从33位读取到92位
        print(str2)
        print("-----")
        file.seek(3)                #将文件的指针移动到3
        str3=file.read(3)           #从第三位开始读取后面的3个字符
        print(str3)
```

程序输出
问世间，情是何物，直教生死相许？天南地北双飞客，老翅几回寒暑。欢

乐趣，离别苦，就中更有痴儿女。君应有语：渺万里层云，千山暮雪，只影向谁去？横汾路，寂寞当年箫鼓，荒烟依旧平楚。

世间，

从上述例子可知，read() 方法读取的字符个数，对于中文、英文、字符都视为1个字符；而 seek() 方法中 offset 的值是根据编码格式来的，如上述例子中使用的utf-8 编码，一个中文就占三个字符，如果设置 seek(1) 或者 seek(2)，再调用 read()方法，程序会异常报错。

在使用 read() 方法读取文件时，如果文件很大，一次读取全部内容到内存会造成内存不足，因此，我们通常会逐行读取，当然，也可以读取全部行。读取全部行的作用与调用 read() 方法时不指定 size 类似。只不过读取全部行时，返回的是字符串列表（每个元素为文件的一行内容）。例如：

程序 11-2   open_demo2.py

```
if __name__ == '__main__':
    with open('message.txt', 'r', encoding='utf-8') as f:
        number=0
        while True:
            number+=1
            line=f.readline()
            if line=="":
```

```
        break
    print(number, line, end="")


f.seek(0)
messages=f.readlines()
print(messages)


for line in messages:
    print(line, end="")
```

程序输出

1.昔人已乘黄鹤去，此地空余黄鹤楼。
2.黄鹤一去不复返，白云千载空悠悠。
3.晴川历历汉阳树，芳草萋萋鹦鹉洲。
4.日暮乡关何处是？烟波江上使人愁。
5.孤山寺北贾亭西，水面初平云脚低。
6.几处早莺争暖树，谁家新燕啄春泥。
7.乱花渐欲迷人眼，浅草才能没马蹄。
8.最爱湖东行不足，绿杨阴里白沙堤。
['昔人已乘黄鹤去，此地空余黄鹤楼。\n', '黄鹤一去不复返，白云千载空悠悠。\n',
'晴川历历汉阳树，芳草萋萋鹦鹉洲。\n', '日暮乡关何处是？烟波江上使人愁。\n', '
孤山寺北贾亭西，水面初平云脚低。\n', '几处早莺争暖树，谁家新燕啄春泥。\n', '
乱花渐欲迷人眼，浅草才能没马蹄。\n', '最爱湖东行不足，绿杨阴里白沙堤。']
昔人已乘黄鹤去，此地空余黄鹤楼。
黄鹤一去不复返，白云千载空悠悠。
晴川历历汉阳树，芳草萋萋鹦鹉洲。
日暮乡关何处是？烟波江上使人愁。
孤山寺北贾亭西，水面初平云脚低。
几处早莺争暖树，谁家新燕啄春泥。
乱花渐欲迷人眼，浅草才能没马蹄。
最爱湖东行不足，绿杨阴里白沙堤。

11.2　目录操作

目录也称为文件夹，用于分层保存文件，使用目录可以分门别类地存放文件，还能快速地找到想要的文件。在 Python 中，并没有提供直接操作目录的函数或者对象，需要使用内置的 os 和 os.path 模块实现。

11.2.1　os 和 os.path 模块

导入该模块后，可以使用该模块提供的通用变量获取与系统相关的信息，常用的变量有以下几个：

name：用于获取操作系统的类型。

linesep：用于获取当前操作系统的换行符。

sep：用于获取当前操作系统所使用的路径分隔符。

os 和 os.path 偶数模块提供的常用目录操作函数如表 11-2 所示。

表11-2　常用目录操作函数

函数	说明
getcwd()	返回当前的工作目录
listdir(path)	返回指定路径下的文件和目录信息
mkdir(path [,mode])	创建目录
makedirs(path1/path2···[,mode])	创建多级目录
rmdir(path)	删除目录（空目录）
removedirs(path1/path2···)	删除多级目录
chdir(path)	把path设置为当前工作目录
walk(top[,topdown[,onerror]])	遍历目录树，该方法返回一个元组（包括所有路径名、所有目录列表和文件列表）
abspath(path)	用于获取文件或目录的绝对路径
exists(path)	用于判断目录或者文件是否存在，如果存在返回True，否则返回False
join(path,name)	将目录与目录或者文件名拼接起来
splitext()	分离文件名和扩展名
basename(path)	从一个目录中提取文件名
dirname(path)	从一个路径中提取文件路径，不包括文件名
isdir(path)	用于判断是否为有效路径

11.2.2　路径

定位一个文件或者目录的字符串称为路径。在程序开发的时候，通常会涉及两种路径：一种是相对路径，另一种是绝对路径。

1.相对路径

在学习相对路径之前，需要先了解什么是当前工作目录。当前工作目录是指当前文件所在的目录，在 Python 中，可以通过 os 模块提供的 getcwd() 函数获取当前工作目录。其语法格式为：

```
import os
print(os.getcwd())      #输出当前目录
```

相对路径依赖当前的工作目录。如果在当前工作目录下有一个名称为 message.txt 的文件，那么在打开这个文件时，就可以直接写上文件名，这时采用的就是相对路径。

2.绝对路径

绝对路径是指在使用文件时指定文件的实际路径，它不依赖于当前的工作目录。在 Python 中，可以通过 os.path 模块提供的 abspath() 函数获取一个文件的绝对路径。abspath() 函数的基本语法格式为：

```
os.path.abspath(path)
```

其中，path 为要获取绝对路径的相对路径，可以是文件，也可以是目录。

3.拼接路径

如果想要将两个或者两个以上路径拼接到一起组成一个新的路径，可以使用 os.path 模块提供的 join() 函数实现。join() 函数的基本语法格式为：

```
os.path.join(path1[,path2[,...]])
```

其中，path1、path2 代表要拼接的文件路径，这些路径间使用逗号分隔。如果要拼接的路径中没有一个绝对路径，那么最后拼接出来的将是一个相对路径。

11.2.3　判断目录是否存在

在 Python 中，有时需要判断给定的目录是否存在，可以使用 os.path 模块提供的 exists() 函数实现。exists() 函数的基本语法格式为：

```
os.path.exists(path)
```

其中，path 为要判断的目录，可以采用绝对路径，也可以采用相对路径。

11.2.4　创建目录

在 Python 中，os 模块提供了两个创建目录的函数，一个用于创建一级目录，另一个用于创建多级目录。创建一级目录是指一次只能创建一级目录，可以使用 os 模块提供的 mkdir() 函数实现。通过该函数只能创建指定路径的最后一级目录，如果该目录的上一级不存在，则抛出异常。mkdir() 函数的基本语法格式为：

```
os.mkdir(path,mode=0o777)
```

其中，path 表示要创建的目录，可以使用绝对路径，也可以使用相对路径；mode 表示用于指定的数值模式，默认值为 0o777。

使用 mkdir() 函数只能创建一级目录，如果想创建多级目录，可以使用 os 模块的 makedirs() 函数。该函数采用递归的方式创建目录。makedirs() 函数的基本语法格式为：

```
os.makedirs(name,mode=0o777)
```

其中，name 用于指定要创建的目录，可以使用绝对路径，也可以使用相对路径；mode 表示用于指定的数值模式，默认值为 0o777。

11.2.5   删除目录

在 Python 中，遍历的意思是运行一遍指定目录下的全部目录（包括子目录）及文件，而 os 模块的 walk() 函数则实现了遍历目录的功能。walk() 函数的基本语法格式为：

```
os.walk(top[,topdown][,onerror][,followlinks])
```

遍历指定目录实例：

```
import os                       #导入os模块
path="C:\demo"                  #指定要遍历的根目录
print("[",path,"] 目录下包括的文件和目录:")
for root, dirs, files in os.walk(path, topdown=True):    #遍历指定目录
    for name in dirs:          #循环输出遍历到的子目录
        print("∏",os.path.join(root, name))
    for name in files:         #循环输出遍历到的文件
        print("≌",os.path.join(root, name))
```

11.3   高级文件操作

Python 内置的 os 模块还可以对文件进行一些高级操作，如表 11-3 所示。

表11-3   Python的高级文件函数

函数	说明
access(path,accessmode)	获取对文件是否有指定的访问权限（读取/写入/执行权限）。accessmode的值是R_OK（读取）、W_OK（写入）、X_OK（执行）、F_OK（存在）。如果有指定的权限，则返回1，否则返回0
chmod(path,mode)	修改path指定文件的访问权限
remove(path)	删除path指定的文件路径
rename(src,dst)	将文件或目录src重命名为dst

函数	说明
stat(path)	返回path指定文件的信息
startfile(path[,operation])	使用关联的应用程序打开path指定的文件

当我们创建文件后，该文件本身就会包含一些信息。如文件的最后一次访问时间、最后一次修改时间、文件大小等基本信息。通过 os 模块的 stat() 函数可以获取文件的这些基本信息。stat() 函数返回对象的常用属性，如表 11-4 所示。

表11-4　stat()函数返回对象的属性

属性	说明
st_mode	保护模式
st_ino	索引号
st_nlink	硬链接号（被连接数目）
st_size	文件大小，单位为字节
st_dev	设备名
st_uid	用户ID
st_gid	组ID
st_atime	最后一次访问的时间
st_mtime	最后一次修改的时间
st_ctime	最后一次状态变化的时间（系统不同，返回的结果也不同，如在Windows操作系统下，返回的是文件的创建时间）

程序 11-3　os_demo1.py

```
import os
def formatTime(longTime):
    """
    功能:格式化日期时间
    m longTime:要格式化的时间;return:格式化之后的时间
    """
    import time
    return time.strftime( "%Y-%M-%D %H:%M:%S",time.localtime(longTime))
def formatByte(number):
    """
    功能:格式化文件大小
    number:要格式化的字节数;return:格式化之后的文件
    """
    for(scale,label)in[(1024*1024+1024,"GB"),(1024*1024,"MB"),(1024,"KB")]:
        if number > scale:#文件大于等于1KB
```

```
                return "%.2f%s"%(number*1.0/ scale, label)
        elif number==1:#文件等于1KB
                return "1字节"
        else:
                #文件小于1KB
                byte="%.2f"%(number or 0)
            #去掉结尾的.00，并且加上单位"字节"
                return (byte[:-3] if byte.endswith(".00T") else byte)+"字节"
if __name__=='__main__':
#获取文件的基本信息
filelnfo=os.stat("picture.png")
#获取文件的完整路径
print("文件的完整路径为:", os.path.abspath("picture.png"))
print("索引号: ", filelnfo.st_ino)
print("设备名: ", filelnfo.st_dev)
print("文件大小: ", formatByte(filelnfo.st_size))
print("最后一次访问的时间: ", formatTime(filelnfo.st_atime))
print("最后一次修改的时间: ", formatTime( filelnfo.st_mtime))
print("最后一次状态变化的时间: ", formatTime(filelnfo.st_ctime))
```

程序输出

文件的完整路径为:D:\Python\Demo\picture.png
索引号:2533274790494109
设备名:3162376725
文件大小:44.04 KB
最后一次访问时间: 2020-09-08/25/20 20:09:34
最后一次修改时间:2020-08-08/25/20 20:08:45
最后一次状态变化时间:2020-09-08/25/20 20:09:34

习　题

选择题（可能存在多个答案）

1. 数据写入的文件是____。

　A. 输入文件　　　B. 输出文件　　　C. 顺序存取文件　　　D. 二进制文件

2. 数据读取的文件是____。

　A. 输入文件　　　B. 输出文件　　　C. 顺序存取文件　　　D. 二进制文件

3. 程序可以使用文件之前，必须进行____。

　A. 格式化文件　　B. 加密文件　　　C. 关闭文件　　　D. 打开文件

4. 当程序使用完文件后，应该做的是____。

　A. 擦除文件　　　B. 打开文件　　　C. 加密文件　　　D. 关闭文件

5.当处理＿＿类型的文件时，从文件的开始访问到末尾的数据。

　　A. 有序访问　　　B. 二进制访问　　　C. 直接存取　　　D. 顺序存取

6.处理＿＿类型的文件时，可以直接跳转到文件中的任一数据，而不需要读取该数据之前的数据。

　　A. 有序访问　　　B. 二进制访问　　　C. 直接存取　　　D. 顺序存取

7.许多系统在将数据写入文件之前，先将数据写入内存中的一个小的保存区＿＿＿。

　　A. 缓存　　　B. 变量　　　C. 虚拟文件　　　D. 临时文件

8.当文件以＿＿方式打开时，数据将写入文件现有内容的后面。

　　A. 输出模式　　　B. 追加模式　　　C. 备份模式　　　D. 只读模式

程序题

1.假设名为 number.txt 的文件包含一系列整数并存储于计算机的磁盘上。编写程序显示文件中所有的数字。

2.编写程序，要求用户输入文件名，该程序只显示文件的前五行内容。如果文件的内容少于五行，则会显示该文件的全部内容。

3.假设名为 names.txt 的文件包含了一系列的名称（字符串）并存储在计算机的磁盘上。编写程序显示存储在文件中姓名的个数（提示：打开文件并读取存储在文件中的每一个字符串，使用一个变量记录从文件中读取的数据的个数）。

4.假设名为 numbers.txt 的文件包含一系列整数并存储在计算机的磁盘上。编写程序读取所有存储在文件中的整数并计算它们的总和。

5.假设名为 numbers.txt 的文件包含一系列整数并存储在计算机的磁盘上。编写程序计算文件中所有整数的平均值。

6.编写程序将一系列随机数写入文件。每个随机数应在 1 至 500 之间，并指定文件中保存多少个随机数。

7.本练习假定你已经完成了程序题 7（随机数文件写入器），编写另一个程序从文件中读取随机数并显示它们，然后显示以下数据：

数字总和
从文件中读取随机数的个数

8.Springfork 业余高尔夫俱乐部每周末都有一场比赛。俱乐部主席要求你编写两个程序：

（1）一个程序从键盘输入每个球员的名字和高尔夫成绩，然后将这些作为记录保存在 golf.txt 中（每个记录都有一个球员名字的字段和球员成绩的字段）。

（2）一个程序从 golf.txt 文件中读取记录并显示它们。

Python 第 12 章

使用进程和线程

12.1 进程

12.1.1 什么是进程?

当代码编译完且还未运行,我们称之为程序;而正在运行的代码,我们称之为进程。进程是系统进行资源分配和调度的基本单位,是操作系统结构的基础。简单理解为正在运行的程序的实例。每个进程都会有一个 pid 作为标识。

12.1.2 什么是多进程?

以操作系统为例,同一个操作系统可以同时运行 QQ 、Word、微信等多个程序,为多个任务;单核 CPU 也可以运行多个任务,让任务交替执行,因为 CPU 执行效率很高,所以用户是感知不到的。多个任务只能在多核 CPU 上完成,但如果任务数量大于 CPU 核心数量,操作系统会自动把多个任务轮流调度到每个核心上执行。

12.1.3 创建进程

fork创建进程

Python 中的 os 模块封装了常见的系统调用,其中包含 fork,通过 fork 可以轻松地创建子进程。

当程序运行至 os.fork() 时,创建一个子进程,然后复制父进程的所有信息到子进程中,即父进程与子进程均打印一次 "--test--"。例如:

程序 12-1　process_demo1.py

```
import os
import time
pid=os.fork()
```

```
print('pid is K%s' % pid)
if pid <0:
    print('fork调用失败')
elif pid==0:
#while True:
#print('this is子进程')
#time.sleep(1)
    print('this is child process(%s) and parent is (%s)' %(os.getpid(), os.getpid()))
else:
    print('this is parent process(%s) and my child is (%s)' %(os.getpid(),pid))
print('父子进程都可以执行这里的代码')
```
程序输出
```
pid is K 6661
this is parent process(6660) and my child is (6661)
父子进程都可以执行这里的代码
pid is K 0
this is child process(6661) and parent is (6660)
父子进程都可以执行这里的代码
```

在 Unix 和 Linux 中，fork 这个系统函数比较特殊，调用一次，返回两次。因为操作系统会自动把当前的进程复制一份，然后分别在父进程和子进程中返回。当程序执行到 fork 时，操作系统会创建一个新的进程（子进程），然后复制父进程的所有信息到子进程中。父进程和子进程都会从 fork() 函数中得到一个返回值，在子进程中该值为 0，在父进程中则显示子进程的 ID。

12.1.4　多进程修改全局变量

多进程中，每个进程的变量（包括全局变量）都维系一份，互不影响，例如：

程序 12-2　process_demo2.py

```
import os
import time
rac=os.fork()
num=1
if rac==0:
    time.sleep(1)
    num=num+1
    print("-- parent num=%d"%num)
else:
    num=num+1
    time.sleep(1)
    print("--child num=%d"%num)
print("--end num=%d"%num)
```
程序输出
```
--child num=2
```

```
--end num=2
---parent num=2
---end num=2
```

每次 fork 都会创建一个子进程，并且每个进程都会执行到后续的代码。

程序 12-3　process_demo3.py

```
import os
import time
rac=os.fork()
if rac==0:
    print("--demo1--")
else:
    print("--demo2--")
rac2=os.fork()
if rac2==0:
    print("--demo3--")
else:
    print("--demo4--")
print("--end--")
```
程序输出
```
--demo2--
--demo4--
--end--
--demo1--
--demo4--
--end--
--demo3--
--end--
--end--
```

如上所示，demo1、demo2、demo3 各输出一次，demo4 输出两次，end 累计输出四次。

父子进程执行顺序没有规律，取决于操作系统的调度算法。

12.1.5　multiprocessing 创建进程

fork 只能在 Linux 和 Unix 上调用，无法在 Windows 上执行，但 Python 作为一个跨平台的语言，自然提供了一个跨平台多进程的模块——multiprocessing。

1.通过process创建进程

Process 代表一个进程对象。创建子进程时，只需要在构造函数内传入目标函数以及参数，调用 start() 方法即可。join() 方法可以让主进程等待子进程结束后再执行后续代码，例如：

```
import os
```

```
from multiprocessing import Process
from time import sleep

def run_proc(name):
    print('子进程运行中，name=%s，pid=%d ...' % (name, os.getpid()))

"""
创建子进程时，只需要传入一个执行函数和函数的参数，创建一个Process实例，
用start()方法启动
join()方法可以等待子进程结束后再往下运行，通常用于进程间的同步
"""
if __name__ == '__main__':
    print('父进程 %d.' % os.getpid())
    p=Process(target=run_proc, args=('test',))
    print('子进程将要执行')
    p.start()
    p.join()
    print('子进程执行完毕')
```

程序输出
```
父进程6784
子进程将要执行
子进程运行中,name=test,pid=6785...
子进程执行完毕
```

2.通过Process子类创建进程

创建进程还可以使用类。自定义一个类，继承 Process 即可。

程序12-4　process_demo4.py

```
import time
from multiprocessing import Process

class MyProcess(Process):
    def __init__(self,time,):
        Process.__init__(self)
        self.time=time
    def run(self):
        print("--run--")
if __name__ == '__main__':
    p=MyProcess(1)
    p.start()
    p.join()
    print('--main end--')
```

程序输出
```
--run--
--main end--
```

3.进程池（Pool）

当创建的子进程数量不多时，可以通过 Process 来创建。如果要创建的子进程数量太多，那么就不适合用这种方式了，需要使用进程池（Pool）解决。

初始化一个 Pool 时，可以指定一个最大进程数。如果超过这个数，那么请求就会等待，直到池中有进程结束，才会创建新的进程来执行。例如：

程序 12-5　process_demo5.py

```python
from multiprocessing import Pool
import time,os, random

def worker(msg):
    t_start=time.time()
    print("%s开始执行,进程号为%d" % (msg, os.getpid()))
    #random.random()随机生成0~1的浮点数
    time.sleep(random.random() *2)
    t_stop=time.time()
    print(msg, "执行完毕,耗时%0.2f" % (t_stop-t_start))

if __name__ == '__main__':
    #创建一个进程池，里面最多三个进程
    pool=Pool(3)
    print(' ---start---')
    for i in range(10):
        #向进程池中添加任务
        #如果任务的数量超过进程池的大小，等进程池中有空闲时，才能自动添加进去
        pool.apply_async(worker, args=(i,))

    #关闭进程池后pool不再接受新的请求
    pool.close()

    #等待pool中所有子进程执行完成，必须放在close语句之后
    #如果没有join，会导致进程中的任务不会执行
    pool.join()
    print('---end---')
```

程序输出
```
 ---start---
0开始执行,进程号为33665
1开始执行,进程号为33667
2开始执行,进程号为33666
0 执行完毕,耗时0.62
3开始执行,进程号为33665
1 执行完毕,耗时0.86
```

```
4开始执行,进程号为33667
3 执行完毕,耗时0.29
5开始执行,进程号为33665
2 执行完毕,耗时1.28
6开始执行,进程号为33666
5 执行完毕,耗时0.38
7开始执行,进程号为33665
7 执行完毕,耗时0.64
8开始执行,进程号为33665
6 执行完毕,耗时0.82
9开始执行,进程号为33666
4 执行完毕,耗时1.94
9 执行完毕,耗时0.93
8 执行完毕,耗时1.60
---end---
```

apply_async：异步非阻塞。

apply：阻塞，上个进程结束后才会执行下一个进程。

close：关闭 pool，不再接受请求。

join：主进程阻塞，等待子进程运行结束，且必须在 close 之后。

12.1.6　进程间通信

进程间有时需要互相通信，操作系统提供了多种方式进行通信，queue 就是其中的一种。queue 是一个消息队列，提供了 get()、put()、qsize()、empty()、full() 等方法对队列进行操作。

下面以 queue 为例，创建两个进程，分别用来存储数据。

```python
from multiprocessing import Qucue, Process
import random, time

#queue，实现多进程之间的数据传递，其实就是个消息队列
def write(q):
    for value in ['A','B','C']:
        print("put %s to queue" % value)
        q.put(value)
        time.sleep(random.random())


def read(q):
    while True:
        if not q.empty():
            value=q.get()
            print("Get value is %s" % value)
            time.sleep(random.random())
        else:
            break
```

```
if '__main__'=='__name__':
    q=Queue()
    qw=Process(target=write, args=(q,))
    qr=Process(target=read, args=(q,))
    qw.start()
    qw.join()
    qr.start()
    qr.join()
    print('---end---')
    print(random.randint(2, 4))
    print(random.random())
```

程序输出
```
put A to queue
put B to queue
put C to queue
Get value is A
Get value is B
Get value is C
---end---
4
0.5260624608369131
```

如果使用进程池 pool 创建进程的话，就需要使用 manager().queue()。

```
from multiprocessing import Manager, Process, Pool
import threading
import random, time,os 、
#queue，实现多进程之间的数据传递，其实就是个消息队列

def write(q):
    print('---write thread is %s' % os.getpid())
    for value in ['A', 'B', 'C']:
        print("put %s to queue" % value)
        q.put(value)

def read(q):
    print('---read thread is %s' % os.getpid())
    for i in range(q.qsize()):
        print("Get value is %s" % q.get(True))

if '__main__'=='__name__':
    print('---main thread is %s' % os.getpid())
    q=manager().queue()
    po=pool()
    po.apply(write, args=(q,))
    po.apply(read, args=(q,))
    po.close()
    po.join()
    print('---end---')
```

程序输出
---main thread is 6907
---write thread is 6909
put A to queue
put B to queue
put C to queue
---read thread is 6910
Get value is A
Get value is B
Get value is C
---end---

12.2　线程

线程是我们最为熟知的逻辑，它本质是在一个单一进程的上下文中运行的逻辑流，由内核进行调度。听起来令人难以理解，但幸运的是，Python 针对这三方面都提供了相应的支持，简化了我们的操作。那今天就聊聊其中的一点：线程，为什么选择线程呢？相比进程，线程量级更轻；相比协程，线程更易于理解。

12.2.1　线程的状态

无论 Java、Python 还是 C，任何一门支持线程的语言都具备以下几种运行状态，如图 12-1 所示。

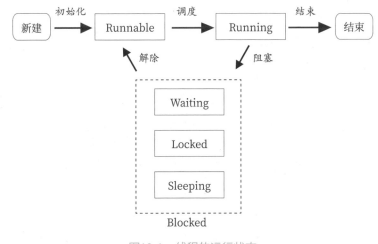

图12-1　线程的运行状态

新建：使用线程的第一步就是创建线程，创建后的线程进入可执行的状态，也就是 Runnable。

Runnable：进入此状态的线程并未开始运行，直到 CPU 分配时间片给这个线程后，该线程才开始正式运行。

Running：线程正式开始运行，在运行过程中，线程可能会进入阻塞的状态，即 Blocked。

Blocked：在该状态下，线程暂停运行。解除阻塞后，线程会进入 Runnable 状态，等待 CPU 再次给它分配时间片。

结束：线程方法执行完毕或者因为异常终止返回。

其中最复杂的是线程从 Running 进入 Blocked 状态，通常有三种情况：

睡眠：线程主动调用 sleep() 或 join() 方法后。

等待：线程中调用 wait() 方法，此时需要有其他线程通过 notify() 方法来唤醒。

同步：线程中获取线程锁，但是资源已经被其他线程占用。

12.2.2　线程简单使用

Python 要实现多线程有两种方式：一种是使用低级的 "_thread" 模块，另一种是使用高级的 threading 模块。相比而言，编者推荐使用 threading 模块。在开始之前，先来介绍 threading 模块中常用的类：Thread、Lock、RLock、Condition、Event、Semaphore、Timer 和 Local。

我们直接来看如何使用多线程，这才是至关重要的。

```python
import threading
#具体做什么事,写在函数中
def run(number):
    print(threading.current_thread().name + '\n')
    print(number)


if __name__=='__main__':
    for i in range(10):
        #指明具体的方法和方法需要的参数
        my_thread=threading.Thread(target=run, args=(i,))
        #一定不要忘记
        my_thread.start()
```

多线程的创建和运行都是套路，写得多了也就熟悉了，来看看运行结果：

```
Thread-1,value=0
Thread-2,value=1
Thread-3,value=2
Thread-4,value=3
```

```
Thread-5,value=4
Thread-6,value=5
Thread-7,value=6
Thread-8,value=7
Thread-9,value=8
Thread-10,value=9
```

12.2.3　同步和通信

多线程开发中最难的问题不是如何使用，而是如何写出正确、高效的代码。要想写出正确而高效的代码，必须理解两个很重要的概念：通信和同步。

通信指的是线程之间如何交换消息，而同步则用于控制不同线程之间操作发生的相对顺序。简单来说，通信就是线程之间如何传递消息，同步就是控制多个线程访问代码的顺序。在 Python 中，实现同步最简单的方法就是使用锁机制，实现通信最简单的方法就是 Event。下面来看看具体应用。

1.线程同步

当多个线程同时访问同一个资源的时候会发生竞争，而 Python 中的 threading 模块为我们提供了线程锁功能，在 threading 中提供 RLock 对象，RLock 对象内部维护着一个 Lock 对象，它是一种可重入锁。对于 Lock 对象而言，如果一个线程连续两次进行 acquire 操作，但由于第一次 acquire 之后没有 release，第二次 acquire 将挂起线程。这会导致 Lock 对象永远不会 release，使得线程死锁。而 RLock 对象允许一个线程多次对其进行 acquire 操作，因为在其内部通过一个 counter 变量维护着线程 acquire 的次数。而且，每一次的 acquire 操作必须有一个 release 操作与之对应，在所有的 release 操作完成之后，别的线程才能申请该 RLock 对象。

使用锁机制解决线程同步最重要的一点：将所有线程对共享资源的读写操作串行化。

程序 12-6 演示了 RLock 最简单的用法。

程序 12-6　process_demo6.py

```python
import threading
mylock=threading.RLock()
num=0
class WorkThread(threading.Thread):
    def __init__(self,name):
        threading.Thread.__init__(self)
        self.t_name=name
    def run(self):
        global num
        while True:
```

```
                mylock.acquire()
                    print("\n%s locked, number: %d"% (self.t_name,num))
                if num >=4:
                    mylock.release()
                    print('\n%s released, number: %d'% (self.t_name, num))
                    break
                num +=1
                print("\n%s released, number: %d"% (self.t_name, num))
                mylock.release()
def test():
    thread1=WorkThread('A-Worker')
    thread2=WorkThread('B-Worker')
    thread1.start()
    thread2.start()
if __name__ =='__main__':
test()
```
程序输出
```
A-Worker locked, number: 0
A-Worker released, number: 1
A-Worker locked, number: 1
A-Worker released, number: 2
A-Worker locked,number: 2
A-Worker released, number: 3
A-Worker locked, number: 3
A-Worker released, number: 4
A-Worker locked, nurmber: 4
A-Worker released, number: 4
B-Worker locked, number: 4
B-Worker released,number. 4
```

除了 Lock 和 RLock，还有其他的方式能够实现类似的效果，如 Condition 和 Semaphore 都有类似的功能，其中，Condition 是在 Lock/RLock 的基础上再次包装而成，而 Semaphore 的原理和操作系统的 PV 操作一致。之所以不展开详细说明，是因为它们的基本使用和原理并无本质区别。

2.线程通信

很多时候，我们需要在线程间传递消息，也叫作线程通信。Python 中提供的 Event 就是最简单的通信机制之一。使用 threading.Event 可以使一个线程等待其他线程的通知，我们把这个 Event 传递到线程对象中，Event 默认内置了一个标志，初始值为 False。一旦该线程通过 wait() 方法进入等待状态，直到另一个线程调用该 Event 的 set() 方法将内置标志设置为 True 时，该 Event 才会通知所有等待状态的线程恢复运行。先来看看 Event 中一些常用的方法，如表 12-1 所示。

表12-1　Event的常用方法

方法名	含义
isSet()	测试内置的标识是否为True
set()	将标识设置为True，并通知所有处于阻塞状态的线程恢复运行
clear()	将标识设置为False
wait([timeout])	如果标识为True，立即返回，否则阻塞线程至阻塞状态，等待其他线程调用set()

来看个简单示例，我们暂且假设有六个女孩需要你叫她们起床，这时候你该怎么做呢？

程序 12-7　process_demo7.py

```python
import threading
import time

class WorkThread(threading.Thread):
    def __init__(self,signal):
        threading.Thread.__init__(self)
        self.singal=signal
    def run(self):
        print("小姐姐%s,睡觉了..." % self.name)
        self.singal.wait()
        print("小姐姐%s,起床..."% self.name)


if __name__=='__main__':
    singal=threading.Event()
    for t in range(6):
        thread=WorkThread(singal)
        thread.start()
        print("三秒钟后叫小姐姐起床")
    time.sleep(3)
    #唤醒阻塞中的小姐姐
    singal.set()
```

程序输出
```
小姐姐Thread-1,睡觉了...
小姐姐Thread-2,睡觉了...
小姐姐Thread-3,睡觉了...
小姐姐Thread-4,睡觉了...
小姐姐Thread-5,睡觉了...
小姐姐Thread-6,睡觉了...
三秒钟后叫小姐姐起床
小姐姐Thread-1,起床...
小姐姐Thread-2,起床...
```

小姐姐Thread-5,起床...
小姐姐Thread-4,起床...
小姐姐Thread-3,起床...
小姐姐Thread-6,起床...

这里的你就充当了主线程，每个小姐姐就是一个子线程，三秒之后你就可以按时唤醒所有的小姐姐了。

使用 Event 可以实现线程通信，另一种进行线程通信的方式要借助队列，也就是 Queue。Python 的标准库中提供了线程安全的队列，基于 FIFO（先进先出）实现，可以帮助我们实现线程间的消息传递，使用方法非常简单，其原理也不难。如图 12-2 所示。

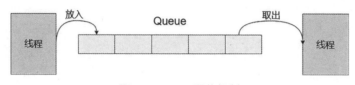

图12-2   Event通信机制

另外，凡是符合该种结构的多线程通信过程，均称之为生产者——消费者模型。

12.2.4   线程池

其实，多线程的使用更多的是根据具体的业务情况编写相应的逻辑，方法非常简单。此外，考虑到处理器的资源是有限的，不能一味地创建线程，因此，当要用到很多线程时，可以考虑使用线程池技术。推荐使用多线程处理有关 I/O 的操作，否则会造成性能下降。

线程池的作用是限制开辟线程的个数。

```python
from concurrent.futures import ThreadPoolExecutor
import time
def task(a1, a2):
    time.sleep(2)
    print(a1, a2)
#创建了一个线程池（最多5个线程）
pool=ThreadPoolExecutor(5)

for i in range(40):
    #去线程池中申请一个线程，让线程执行task()函数。
        pool.submit(task, i, 8)
```

程序 12-8   process_demo8.py

################无限制线程，避免这样做###########

```
import time
import threading
def task(arg):
    time.sleep(50)
while True:
    num=input('>>>'
    t=threading.Thread(target=task, args=(num,))
    t.start()
################线程池（正确做法)################
import time
from concurrent.futures import ThreadPoolExecutor

def task(arg):
    time.sleep(50)
    pool=ThreadPoolExecutor(20)
    while True:
        num=input('>>>')
        pool.submit(task, num)
```

习　题

1. 什么叫进程？

2. 子进程需要使用什么方式创建？如果需要创建的子进程数量太多，那么需要使用什么方式解决这一问题？

3. 什么叫线程？

4. Python 多线程的两种实现方式分别是什么？

5. 多线程开发中，同步和通信的区别是什么？在 Python 程序中，实现同步和通信最简单的方式分别是什么？

6. 对比进程，线程的优势是什么？

7. 支持线程语言的五种运行状态是什么？

第 13 章

递归

13.1　递归简介

前面我们已经学习了调用其他函数的实例。在一个程序中，main() 函数可能调用 A 函数，而后可能会调用 B 函数。一个函数也可以调用自身。调用自身的函数称为递归函数，如程序 13-1 所示的 message() 函数。

程序 13-1 recursion_demo1.py

```
#这个程序使用了递归函数
#定义主函数
def main():
message()
#定义递归函数
def message():
    print("这是个递归函数")
    message()
#调用递归函数
if __name__=='__main__':
    main()
程序输出
这是个递归函数
这是个递归函数
这是个递归函数
这是个递归函数
```

程序会一直输出，直至内存占满。

message() 函数显示字符串"这是个递归函数"，然后调用自身，但每次调用自身时，就会重复循环。问题在于无法停止递归调用，这个函数就像一个死循环，因为没有代码使其停止。如果运行此程序，必须使用"Ctrl+C"快捷键中断其执行。

像循环一样，递归函数必须使用特定的方法控制它重复的次数，程序 13-2 的代码显示了修改后的 message() 函数。在这个程序中，message() 函数接受一个参数，用于指定该函数显示消息的次数。

程序 13-2   recursive_demo2.py

```
#设计程序，将递归的次数控制为五次
#定义主函数
def main():
    message(5)
#定义递归函数
#控制递归的次数为五次
def message(times):
    if times >0:
        print("这是个递归函数")
        message(times-1)
    #调用主函数
if __name__=='__main__':
main()
程序输出
这是个递归函数
这是个递归函数
这是个递归函数
这是个递归函数
这是个递归函数
```

message() 函数中包含了一个 if 语句，用于控制重复次数。只要参数 times >0，消息"这是个递归函数"会一直显示，该函数会使用更小的参数再次调用自身，直到 times 的值小于 0 后，才会停止递归。

13.2   递归求解

程序 13-2 中的代码演示了递归函数的机制，在 Python 中，递归是解决重复问题强有力的工具。那么，如何使用递归来解决问题呢？需要注意的是，递归并不是解决问题的唯一方法，任何可以用递归解决的问题也可以用循环来解决。事实上，递归算法通常比迭代（循环）算法效率低，这是因为调用函数的过程中需要计算机执行若干操作。这些操作包括为参数和局部变量分配内存，并存储到函数结束后控制流返回的程序位置的地址上。这些操作也称为开销，每次函数调用都会发生，而循环不需要这样的开销。

递归函数的工作原理如下：

如果问题在当前可以直接求解，则无须递归，该函数直接解决问题并返回结果；如果问题在当前无法直接求解，那么该函数将其简化为较小但类似的问题，并调用自身来解决这个较小的问题。

为了使用这种方法，需要先确定至少一种可以直接求解而不递归的情况，我们称之为基本情况；然后确定一种在其他所有情况下使用递归来解决问题的方法，我们称之为递归情况。在递归情况下，我们必须始终将问题降低为较小规模的同一问题。通过每次递归调用简化问题的规模，最终达到基本情况，使得递归停止。

13.3   使用递归计算阶乘

我们以数学示例来验证递归函数的应用。在数学中，符号 n! 表示数字 n 的阶乘。非负数的阶乘可以通过以下规则来定义：

```
if n=0 then n!=1
if n>0 then n!=1*2*3*4*...*n
```

让我们使用 factorial(n) 更换符号 n!，使其看起来更像计算机代码，并按照以下方式重写这些规则：

```
if n=0 then factorial(n)=1
if n>0 then factorial(n)=1*2*3*4*...*n
```

当 n=0 时，它的阶乘是 1；当 n>0 时，它的阶乘是从 1 到 n 的所有正整数的乘积。例如：factorial(7) 的计算式为 $1 \times 2 \times 3 \times 4 \times 5 \times 6 \times 7$。

当设计任意数字阶乘计算的递归算法时，需要先确定基本情况，也就是直接求解而不需要递归计算的部分，即 n=0 的情况：

```
if n=0 then factorial(n)=1
```

该程序演示了当 n=0 时是如何解决这个问题的，那么，当 n>0 时，应该怎么解决呢？这是递归情况，也就是我们使用递归解决问题的部分。如下：

```
if n>0 then factorial(n)=n*factorial(n−1)
```

这说明如果 n>0，n 的阶乘等于 n 乘以 "n−1" 的阶乘。注意观察递归调用是如何降低问题规模的。所以，我们计算阶乘的递归规则如下：

```
if n=0 then factorial(n)=1
if n>0 then factorial(n)=n*factorial(n−1)
```

程序 13-3 演示了 factorial() 函数是如何设计的。

程序 13-3   recursion_demo3.py

```
#利用递归设计阶乘函数factorial()
#定义主函数
def main():
```

```
        #用户在控制台输入想要求解阶乘的数字
        number=int(input("请输入你想要求解阶乘的数字:"))
        #获取该数的阶乘值
        fact=factorial(number)
        #输出阶乘值
        print("{0}的阶乘值为:{1}".format(number,fact))
#定义阶乘函数
def factorial(num):
    if num==0:
        return 1
    else:
        return num*factorial(num-1)
#调用函数
if __name__=='__main__':
    main()
```

程序输入
请输入你想要求解阶乘的数字:6

程序输出
6的阶乘值为:720

程序输入
请输入你想要求解阶乘的数字:15

程序输出
15的阶乘值为:1307674368000

13.4　递归算法示例

13.4.1　递归求解列表中元素的和

在下面的例子中，我们看一下 range_sum() 函数，它使用递归求解列表中指定范围内所有元素的和。该函数采用以下参数：一个列表包含待求和的所有元素，一个整数指定进行计算的首个元素的索引，一个整数指定进行计算的末尾元素的索引。如下：

```
>>> number=[1,2,3,4,5,6,7,8,9,10]
>>> my_sum=range_sum(number,3,7)
```

代码中的第二条语句指明了 range_sum() 函数返回 number 列表，从索引位置 3 到 7 的所有元素的和。这种情况下返回值为 30，并赋给变量 my_sum。下面是 range_sum() 函数的定义：

```
def range_num(num_list,strat,end):
    if start >end:
```

```
        return 0
    else:
        return num_list[start]+range_num(num_list,start+1,end)
```

当参数 start 大于参数 end 时，若这个条件为真，该函数返回 0。否则，该函数执行以下语句：

```
return num_list[start]+range_sum(num_1ist,start+1,end)
```

这条语句返回 "num_1ist[start]" 和一个递归调用的返回值的总和。请注意：在递归调用中，新指定范围的起始索引是 start+1。实际上，该语句的意思是返回指定范围内第一项的值加上该范围内其余项的总和。

程序 13-4　recursion_demo4.py

```
#定义range_num()函数，实现递归算法
#导入模块
import random
#定义主函数
def main():
    #使用推导式创建列表
    random_list=[random.randint(1,10) for c in range(10)]
    #该列表的长度
    length=len(random_list)
    #输入start和end
    start=int(input("范围是"+str('0')+'到'+str(length)+":"))
    end=int(input("范围是"+str('0')+'到'+str(length)+":"))
    #调用range_num()函数
    my_sum=range_num(random_list,start,end)
    print("列表",random_list)
    print("从{0}到{1}的值为:{2}".format(start,end,my_sum))
    #创建range_num()函数
def range_num(my_list,start,end):
    if start>end:
        return 0
    else:
        return my_list[start]+range_num(my_list,start+1,end)
#调用主函数
if __name__=='__main__':
    main()
```

程序输入
范围是0到10:2
范围是0到10:5

程序输出
列表[2, 5, 9, 8, 4, 8, 1, 7, 4, 4]
从2到5的值为:29

程序输入
范围是0到10:4
范围是0到10:9

程序输出

```
列表[3, 6, 6, 1, 6, 8, 4, 10, 8, 4]
从4到9的值为:40
```

13.4.2　斐波纳奇数列

一些数学问题就是为递归求解设计的。举一个众所周知的例子：计算斐波纳奇数列。斐波纳奇数列是以意大利的数学家列昂纳多·斐波纳奇（Leonardo Fibonacci）命名的，其数列如下所示：

0、1、1、2、3、5、8、13、21、34、55、89、144、233……

可以看出，从第二个数字之后，数列中的每一个数都是前两个数的和。斐波纳奇数列定义如下：

```
if n=0 then Fib(n)=0
if n=1 then Fib(n)=1
if n>1 then Fib(n)=Fib(n-1)+Fib(n-2)
```

计算斐波纳奇数列的第 n 项的递归函数如下所示：

```
def fib(n):
    if n==0:
        return 0
    elif n==1:
        return 1
    else:
        return fib(n-1)+ fib(n-2)
```

需要注意的是，这个函数实际上有两个基本情况：当 n=0 时和当 n=1 时。在任一情况下，该函数会返回一个值而不再进行递归调用。程序 13-5 中的代码通过用户输入的数值来计算斐波纳奇数列。

程序 13-5　recursion_demo5.py

```
#设计一个递归函数，用来求解斐波纳奇数列
#定义主函数
def main():
    number=int(input("请输入你想要求解的斐波纳奇数:"))
    print("前"+str(number)+"项的斐波纳奇数为:")

    for i in range(1,number+1):
        print(fib(i))
#定义递归函数
def fib(num):
    if num==0:
        return 1
    elif num==1:
        return 1
    else:
```

```
                return fib(num-1)+fib(num-2)
#调用主函数
if __name__=='__main__':
        main()
```

程序输入

请输入你想要求解的斐波纳奇数:10

程序输出

前10项的斐波纳奇数为：

1

2

3

5

8

13

21

34

55

89

13.4.3   求解最大公约数

下一个递归例子是计算两个数字的最大公约数（GCD），两个正整数 x 和 y 的最大公约数可按照以下方式来确定：

```
If x can be evenly divided by y,then gcd(x,y)=y
Otherwise,gcd(x,y)=gcd(y,remainder of x/y)
```

这个定义指出：如果 x/y 的余数为 0，则 x 和 y 的最大公约数就是 y，这是基本情况。否则，答案是 y 和 x/y 的余数的最大公约数。程序 13-6 中的代码给出了计算最大公约数的递归方法。

程序 13-6   recursion_demo6.py

```
#设计一个递归函数，求解最大公约数
#定义主函数
def main():
        #输入需要计算的两个数
        num1=int(input("输入第一个数:"))
        num2=int(input("输入第二个数:"))
        max_gcd=gcd(num1,num2)
        print("{0}和{1}的最大公约数为:{2}".format(num1,num2,max_gcd))
        #定义递归函数
def gcd(x,y):
        if x%y==0:
                return y
        else:
                return gcd(x,x%y)
#调用主函数
```

```
if __name__ =='__main__':
    main()
```

程序输入
输入第一个数:120
输入第二个数:80

程序输出
120和80的最大公约数为:40

程序输入
输入第一个数:63
输入第二个数:28

程序输出
63和28的最大公约数为:7

习　题

选择题（可能存在多个答案）

1. 递归函数____。
   A. 调用不同的函数　　　　　B. 异常终止程序
   C. 调用自身　　　　　　　　D. 只能被调用一次

2. 一个函数由程序的 main() 函数调用一次，之后它调用自身四次。递归的深度是____。
   A.1　　B.4　　C.5　　D.9

3. 不通过递归就可以解决的问题部分是____情况。
   A. 基本　　B. 可解决　　C. 已知　　D. 迭代

4. 通过递归解决的问题部分是____情况。
   A. 基本　　B. 迭代　　C. 未知　　D. 递归

5. 任何递归可以解决的问题也可以用____来解决。
   A. 分支结构　　B. 循环结构　　C. 顺序结构　　D. 多分支结构

6. 调用函数时，计算机会执行一系列操作，如为参数和局部变量分配内存，也称为____。
   A. 开销　　B. 建立　　C. 清理　　D. 同步

7. 递归算法在递归情况下必须____。
   A. 不使用递归解决　　　　　B. 把问题降低到同一问题的更小规模
   C. 确认发生错误并中止程序　　D. 把问题扩大到同一问题的更大规模

8. 递归算法在基本情况下必须____。

A. 不使用递归解决   B. 把问题降低到同一问题的更小规模

C. 确认发生错误并中止程序   D. 把问题扩大到同一问题的更大规模

程序题

1. 设计一个递归函数，接受一个整数参数 n，打印出从 1 到 n 的所有数字。

2. 设计一个递归函数，接受两个参数 x 和 y，返回 x 和 y 的乘积。请记住，乘法可以看作如下的重复加法问题：

```
7×4=4+4+4+4+4+4+4
```

3. 编写一个递归函数，接受一个整数参数 n，在屏幕上显示 n 行星号线。其中，第一行显示 1 个星号，第二行显示 2 个星号，以此类推，直至第 n 行显示 n 个星号。

4. 设计一个函数，接受一个列表参数，返回该列表中的最大值。该函数使用递归寻找最大项。

5. 设计一个函数，接受一个数字列表参数，使用递归计算列表中所有数字的和，并返回结果。

6. 设计一个函数，接受一个整数参数并返回从 1 到该整数的所有整数的和。例如：将 50 作为参数，该函数将返回 $1,2,3,4,\cdots,50$ 的总和，请使用递归计算总和。

7. 设计一个使用递归计算数字的幂。该函数接受两个参数：基数和指数。假设指数是一个非负整数。

习题答案

第 1 章

略

第 2 章

选择题

1.B　　2.A　　3.A　　4.C　　5.C　　6.A

程序题

1.
```
#控制台输入身高
height=input("请输入你的身高:")
#赋值输出
print(height)
```

2.
```
#(1)
A=0
B=A+3
#(2)
A=B * 5
#(3)
B=A / 3.14
#(4)
C=B −8
#(5)
print(A)
print(B)
print(C)
```

3.
```
#计算1~100之间所有整数的和
sum=0
for i in range(1,101):
    sum=sum + i
print(sum)
```

4.

```
#导入模块
import turtle
#画圆
turtle.circle(100)
```

5.

```
#输入数据
price=int(input("请输入点餐的消费总额:"))
small_price=price * 0.18
consumption_tax=price * 0.07
print("消费总额",price)
print("小费",small_price)
print("消费税",consumption_tax)
```

6.

```
#输入数据
man=int(input("请输入男生的人数:"))
woman=int(input("请输入女生的人数:"))
all_person=man + woman
man_rate=man /all_person
woman_rate=woman /all_person
print("男生比例",man_rate)
print("女生比例",woman_rate)
```

第 3 章

选择题

1.C   2.B   3.D   4.A   5.B   6.B   7.B   8.C

程序题

1.

```
length=int(input("请输入矩形的长:"))
width=int(input("请输入矩形的宽:"))
area=length * width
print("矩形的面积为",area)
```

2.

```
age=int(input("请输入年龄:"))
if age<=3:
    print("婴儿")
elif age<13:
    print("儿童")
```

```
    elif age<18:
        print("青少年")
    else:
        print("成年人")
```

3.

```
#获取用户输入的年份、月份和日期
year = input("请输入年份:")
month = input("请输入月份:")
day = input("请输入日期:")

#判断月份乘以日期是否等于年份
if month * day == year:
    print("这个日期是个神奇的日期")
else:
    print("这个日期不是个神奇的日期")
```

4.

```
#输入数据
number=int(input("请输入需要购买的数量:"))
if number<10:
    price=number * 99
elif number<=19:
    price=number * 99 * 0.9
elif number<=49:
    price=number * 99 * 0.8
elif number<=99:
    price=number * 99 *0.7
else:
    price=number * 99 * 0.6
print("折扣的金额为",number*99-price)
print("打折后的总价款为",price)
```

5.

```
#输入数据
year=int(input("请输入年份:"))
if (year%4==0 and year%100!=0) or year%400==0:
    print("该年份是闰年")
else:
    print("该年份不是闰年")
```

6.

```
#输入数据
sum=0
while True:
    number=int("请输入数据:")
    if number<0:
        break
    else:
```

```
        sum=sum + number
    print("和为",sum)
```

7.

```
    height=0
    for i in range(1,26):
        height=i * 1.6
        print("第"+str(i)+'年的海平面上升的总高度为',height)
```

8.

```
    price=8000
    for i in range(1,6):
        price=8000 * 1.03
        print("第"+str(i)+'年的学费为',price)
```

9.

```
    #输入数据
    number=int(input("请输入阶乘的阶数:"))
    sum=1
    for i in range(1,number+1):
        sum=sum * i
    print(number,'的阶乘为',sum)
```

第 4 章

选择题

1.C   2.B   3.A   4.A   5.B   6.D   7.D

程序题

1.

```
    def KiloToMile(Kilo):
        Miles=Kilo * 0.6212
        return Miles
    Kilometers=int(input("请输入距离(公里):"))
    Miles=KiloToMile(Kilometers)
    print("转换为英里为",Miles)
```

2.

```
    def lower_price(price):
        lower_price=price * 0.8
        return lower_price
    price=int(input("请输入物业更换成本:"))
    lower_price=lower_price(price)
    print("最小投保额为",lower_price)
```

3.
```
def Cal_calories(fat_grams,carbs_grams):
    calories_fat=fat_grams * 9
    calories_carbs=carbs_grams * 4
    calories=calories_carbs + calories_fat
    return calories
fat_grams=int(input("请输入脂肪的质量(克):"))
carbs_grams=int(input("请输入碳水化合物的质量(克):"))
calories=Cal_calories(fat_grams,carbs_grams)
print("产生的卡路里为",calories)
```

4.
```
def admission_ticket(A,B,C):
    price=A*20 + B* 15 + C* 10
    return price
A=int(input("输入A类座位的销售数量:"))
B=int(input("输入B类座位的销售数量:"))
C=int(input("输入C类座位的销售数量:"))
price=admission_ticket(A,B,C)
print("门票的销售收入",price)
```

5.
```
def is_prime(num):
    if num==1:
        return False

    for i in range(2, num):
        if num % i==0:
            return False
    return True
```

6.
```
def value_price(price,rate,month):
    ValuePrice=price * pow(1+rate,month)
    return  ValuePrice
price=int(input("请输入账户的现值:"))
rate=float(input("请输入月利率:"))
month=int(input("请输入月份数:"))
ValuePrice=value_price(price,rate,month)
print("该账户的未来价值为",ValuePrice)
```

第 5 章

选择题

1.B   2.C   3.B   4.B   5.C   6.D   7.C

程序题

1.
```
price_list=[]
for i in range(7):
    price=int(input("请输入第"+str(i+1)+'天的销售额:'))
    price_list.append(price)
all_price=0
for price in price_list:
    all_price=all_price +price
print("销售总额为",all_price)
```

2.
```
import random
random_list=[]
for i in range(7):
    number=random.randint(0,9)
    random_list.append(number)
for num in random_list:
    print(num)
```

3.
```
rainfall_list=[]
for i in range(1,13):
    rainfall=int(input("请输入第"+str(i)+"个月的降水量:"))
    rainfall_list.append(rainfall)
print("总降水量",sum(rainfall_list))
print("月平均降水量",sum(rainfall_list)/12)
print("最高降水量",max(rainfall_list))
print("最低降水量",min(rainfall_list))
```

4.
```
number_list=list(map(int,input().split(" ")))
print("列表中数字的最小值",min(number_list))
print("列表中数字的最大值",max(number_list))
print("列表中数字的和",sum(number_list))
print("列表数字的平均数",sum(number_list)/len(number_list))
```

5.
```
def show_number(my_list,number):
    for num in my_list:
        if num> number:
            print(num)
my_list=list(map(int,input().split(' ')))
number=int(input("请输入数字n:"))
show_number(my_list,number)
```

6.

```
True_list=['A','C','A','A','D',
            'B','C','A','C','B',
            'A','D','C','A','D',
            'C','B','B','D','A']
user_list=list(map(str,input().split(" ")))
True_number=0
False_number=0
False_list=[]
for time in range(0,len(True_list)):
    if True_list[time]==user_list[time]:
        True_number+=1
    else:
        False_number+=1
        False_list.append(time+1)
print("回答正确的问题数:",True_number)
print("回答错误的问题数:",False_number)
print("答错问题的编号为",False_list)
```

7.

```
def is_prime(number):
    number_list=[]
    for num in range(2,number):
        number_list.append(num)
    times=0
    for num in number_list:
        if number%num==0:
            times +=1
    if times==0:
        print("该数是素数")
    else:
        print("该数不是素数")
number=int(input("请输入一个大于2的整数:"))
is_prime(number)
```

第 6 章

选择题

1.C　　2.D　　3.A　　4.C　　5.A　　6.C　　7.D　　8.A　　9.B

程序题

1.

```
#输入数据
name=input("请输入人名:")
```

```
new_name=' '
for s in name:
    if name.isupper():
        new_name=new_name + s +'.'
print(new_name)
```

2.

```
str_number=input("请输入字符串数字:")
sum=0
for i in str_number:
    sum=sum +int(i)
print(sum)
```

3.

```
def vowel(String):
    number_vowel=0
    for vol in String:
        if vol in ['a','e','i','o','u']:
            number_vowel=number_vowel +1
    return number_vowel

def consonant(String):
    number_consonant=0
    for con in String:
        if con in ['b','c','d','f','g','h'
                ,'j','k','l','m','n','p'
                ,'q','r','s','t','v','w'
                ,'x','y','z']:
            number_consonant=number_consonant +1
string=input("请输入字符串:")
number_vowel=vowel(String)
number_consonant=consonant(String)
print("元音字母数量为",number_vowel)
print("辅音字母数量为",number_consonant)
```

4.

```
string=input("请输入字符串:")
string_list=string.split(" ")
new_list=[]
for s in string_list:
    if len(s)<=1:
        new_list.append(s+"AY")
    else:
        new_list.append(s[1:]+s[0]+"AY")

new_string=" "
for s in new_list:
    new_string=new_string+" "+s
print(new_string)
```

第 7 章

选择题

1.B　　2.D　　3.B　　4.A　　5.C　　6.A　　7.D　　8.C　　9.B

程序

1.

```
string=input("请输入字符串:")
string_list=String.split(" ")
times={}
for string in string_list:
    if string in times:
        times[string] +=1
    else:
        times[string]=1

for key,value in times.items():
    print(key,value)
```

2.

```
my_dict={}
while True:
    print("----------")
    print("输入1查看邮箱地址")
    print("输入2添加邮箱地址")
    print("输入3修改邮箱地址")
    print("输入4删除邮箱地址")
    print("输入5退出程序")
    number=int(input("请输入需要执行的指令:"))
    if number==1:
        name=input("请输入你想要查看的姓名:")
        print(name,my_dict[name])
    elif number==2:
        name=input("请输入姓名:")
        email=input("请输入邮箱:")
        my_dict[name]=email
    elif number==3:
        name=input("请输入你想要修改的姓名:")
        email=input("请输入你想要修改的邮箱:")
        my_dict[name]=email
    elif number==4:
        name=input("请输入你想要删除的姓名:")
        email=my_dict[name]
        my_dict.pop(name)
        print("删除的邮箱为",email)
    elif number==5:
```

```
                    break
```

3.
```
string=input("请输入一系列单词:")
string_dict=dict()
only_list=[]
for s in String:
    if s in string_dict:
        string_dict[s] +=1
    else:
        string_dict[s]=1
for s in string_dict.keys():
    if string_dict[s]==1:
        only_list.append(s)
for s in only_list:
    print(s)
```

4.
```
string1=input("请输入字符串1:")
string2=input("请输入字符串2:")
string1_list=String1.split(" ")
string2_list=String2.split(" ")
string1_list=list(set(String1_list))
string2_list=list(set(String2_list))
print("字符串1的唯一单词",String1_list)
print("字符串2的唯一单词",String2_list)
print("字符串1和字符串2中都出现的单词列表",
list(set(String1_list).union(set(String2_list))))
print("只出现在字符串1中字符串2中没有出现的单词:",
list(set(String1_list).difference(set(String2_list))))
print("只出现在字符串2中字符串1中没有出现的单词:",
list(set(String2_list).difference(set(String1_list))))
```

第 8 章

选择题

1.C　　2.D　　3.B　　4.D　　5.B　　6.B　　7.A D　　8.A D

程序题

1.
```
class Pet:
    def __init__(self,name,animal_type,age):
        self.__name=name
        self.__animal_type=animal_type
        self.__age=age
```

```
    def set_name(self,name):
        self.__name=name

    def set_animal_type(self,animal_type):
        self.__animal_type=animal_type

    def set_age(self,age):
        self.__age=age

    def get_name(self):
        return self.__name

    def get_animal_type(self):
        return self.__animal_type

    def get_age(self):
        return self.__age

name=input("请输入宠物的名字:")
age=input("请输入宠物的年龄:")
animal_type=input("请输入宠物的类别:")
pet=Pet(name,animal_type,age)
print("名字",pet.get_name())
print("年龄",pet.get_age())
print("类别",pet.get_animal_type())
```

2.

```
class Car:
    def __init__(self,year,model,make,speed):
        self.year=year
        self.model=model
        self.make=make
        self.speed=speed

    def accelerate(self):
        self.speed=self.speed +5

    def brake(self):
        self.speed=self.speed - 5

    def get_speed(self):
        return self.speed

year=input("请输入年份:")
model=input("请输入车型:")
make=input("请输入制造商:")
speed=int(input("请输入车的速度:"))
car=Car(year,model,make,speed)
```

```
for i in range(5):
    car.accelerate()
    print(car.get_speed())

for i in range(5):
    car.brake()
    print(car.get_speed())
```

3.

```
class Employee:
    def __init__(self,name,department,position):
        self.name=name
        self.department=department
        self.position=position
    def set_name(self,name):
        self.name=name

    def set_department(self,department):
        self.department=department

    def set_position(self,position):
        self.position=position

    def get_name(self):
        return self.name

    def get_department(self):
        return self.department

    def get_position(self):
        return  self.position
Employee_dict=dict()
while True:
    print("输入1在字典中查看雇员")
    print("输入2将新员工添加到字典")
    print("输入3修改员工的姓名、部门和职位")
    print("输入4删除员工")
    print("输入5退出程序")
    number=int(input("请输入选项:"))
    if number==1:
        ID=input("请输入你想要查看的员工ID:")
        employee=Employee_dict[ID]
        print("姓名",employee.get_name())
        print("部门",employee.get_department())
        print("职位",employee.get_position())
    elif number==2:
        ID=input("请输入你想要添加的员工ID:")
        name=input("请输入你想要添加员工的姓名:")
        department=input("请输入你想要添加员工的部门:")
```

```
            position=input("请输入你想要添加员工的职位:")
            employee=Employee(None,None,None)
            employee.set_name(name=name)
            employee.set_department(department=department)
            employee.set_position(position=position)
            Employee_dict[ID]=employee
        elif number==3:
            ID=input("请输入需要修改的员工ID:")
            employee=Employee[ID]
            name=input("输入修改后的姓名:")
            department=input("输入修改后的部门:")
            position=input("输入修改后的职位:")
            employee.set_name(name)
            employee.set_department(department)
            employee.set_position(position)
        elif number==4:
            ID=input("请输入需要删除的员工ID:")
            Employee_dict.pop(ID)
        elif number==5:
            break
```

4.

```
class PersonDate:
    def __init__(self,name,address,age,phone):
        self.name=name
        self.address=address
        self.age=age
        self.phone=phone

    def set_age(self,age):
        self.age=age

    def set_name(self,name):
        self.name=name

    def set_address(self,address):
        self.address=address

    def set_phone(self,phone):
        self.phone=phone

    def get_name(self):
        return self.name

    def get_age(self):
        return self.age

    def get_address(self):
        return self.address
```

```
    def get_phone(self):
        return self.phone

me=PersonData()
me.set_name("zhangsan")
me.set_address("address1")
me.set_age(30)
me.set_phone(123456789)

my_family=PersonData()
my_family.set_name("family")
my_family.set_address("address2")
my_family.set_age(31)
my_family.set_phone(123123123123)

my_friend=PersonData()
my_friend.set_name("friend")
my_friend.set_address("address2")
my_friend.set_age(22)
my_friend.set_phone(789789789)
```

第 9 章

1.

```
import math
#a.
math.ceil(-2.8)
#b.
abs(round(-4.3))
#c.
math.floor(math.sin(34.5))
```

2.

```
#a.
#略
#b.
import calendar
#c.
help(calendar.isleap)
#d.
year=int(input("请输入当前年份:"))
#循环遍历每一年
while True:
    #判断是否为闰年
    if calendar.isleap(year):
        # 如果是闰年，则输出并退出循环
        print(f"下一个闰年是{year}年")
```

```
        break
    #如果不是闰年，则年份加 1
    year+=1
#e.
dir(calendar)
#f.
count=0
#遍历 2000 年至 2050 年
for year in range(2000, 2051):
    #使用 calendar.isleap 函数判断是否为闰年
    if calendar.isleap(year):
        # 如果是闰年，则计数器加 1
        count += 1
        print("{0}年是闰年".format(year))

print("2000年至2050年之间有{0}个闰年".format(count))
#g.
year=2016
month=7
day=29

#使用 calendar.weekday 函数计算日期是星期几
weekday = calendar.weekday(year, month, day)
#将数字转换为星期几的字符串
weekday_str = ["星期一", "星期二", "星期三", "星期四", "星期五", "星期六", "星期日"][weekday]
print(f"{year}年{month}月{day}日是{weekday_str}")  #输出 "2016年7月29日是星期五"
```

第 10 章

选择题

1.A   2.C   3.B

程序题

1.

```
def func(listinfo):
    new_list=[]
    for i in listinfo:
        if i<100 and i%2==0:
            new_list.append(i)
    return new_list
```

2.

```
import random
```

```
try:
    number_list=[random.randint(0,10) for x in range(10)]

    n=int(input("请输入你想要查看的索引:"))
    print("{0}位置处的索引为{1}".format(n,number_list[n]))
except IndexError as i:
    print(i)
finally:
    print("查询结束")
```

3.
```
a=int(input("输入a的值:"))
b=int(input("输入b的值:"))
if b==0:
    raise ZeroDivisionError
else:
    print(a/b)
```

4.
```
import sys

#定义一个空列表，用于存储输入的整数
numbers=[]

#使用try语句捕获异常
try:
    #判断输入的参数数量是否足够
    if len(sys.argv)<5:
        raise IndexError

    #从命令行获取参数
    for i in range(1, 6):
        #将参数转换为整数
        number = int(sys.argv[i])
        #将整数添加到列表中
        numbers.append(number)
except IndexError:
    #如果越界，则提示用户输入至少五个整数
    print("请输入至少五个整数")
except ValueError:
    #如果输入的不是整数，则提示用户输入整数
    print("请输入整数")

#打印输出输入的整数列表
print(numbers)
```

5.
```
class IllegalArgumentException(Exception):
    super().__init__(Exception)
```

```
        print("无法构成三角形")
    def sanjiao(a,b,c):
        if a+b>c and a+c>b and b+c>a:
            print("可以构成三角形")
    print("三角形三边长为a={0} b={1} c={2}:",a,b,c)
```

第 11 章

选择题

1.A   2.B   3.D   4.D   5.A   6.B   7.A   8.B

程序题

1.

```
with open('number.txt','r',encoding='utf-8') as f:
    string=f.read()
    string_list=string.split(" ")
    int_list=list(map(int,string_list))
    for i in int_list:
        print(i)
```

2.

```
my_file=input("输入文件名:")
with open(my_file,'r',encoding="utf-8") as f:
    string_list=f.readlines()
    if len(string_list) <=5:
        for s in string_list:
            print(s)
    else:
        for s in string_list[0:5]:
            print(s)
```

3.

```
with open('number.txt','r',encoding="utf-8") as f:
    name_list=f.read().split(" ")
    name_dict=dict()
    for name in name_dict:
        if name in name_dict:
            name_dict[name] +=1
        else:
            name_dict[name]=1

    for key,value in name_dict.items():
        print(key,value)
```

4.

```
with open('number.txt','r',encoding='utf-8') as f:
    string_list=f.read().split(" ")
    int_list=list(map(int,string_list))
    print("整数和为",sum(int_list))
```

5.

```
with open('number.txt','r',encoding='utf-8') as f:
    string_list=f.read().split(" ")
    int_list=list(map(int,string_list))
    print("整数的平均值为",sum(int_list)/len(int_list))
```

6.

```
my_file=input("请输入你想要写入文件的名称:")
import random
with open(my_file,'w',encoding="utf-8") as f:
    number=random.randint(1,500)
    i=0
    times=int(input("请输入想要写入随机数的个数:"))
    for i in range(times):
        if i%5==0:
            f.write("\n")
        else:
            f.write(str(number)+' ')
        i+=1
```

7.

```
my_file=input("请输入你想要读取的文件:")
with open(my_file, 'r', encoding='utf-8') as f:
    my_list=f.readlines()
    new_list=[]

    for i in range(0, len(my_list)):
        new_list.append(int(my_list[i]))

    total=0
    for item in new_list:
        print(item)
        total+=item

    print("total is:", total)
```

8.

```
#写入文件
with open("golf.txt",'w',encoding='utf-8') as f:
    times=int(input("请输入想要写入的人数:"))
    for i in range(times):
        name=input("请输入姓名:")
        score=input("请输入高尔夫成绩:")
```

```
        f.write('姓名:'+name+" 高尔夫成绩:"+score)
#读取文件
with open('golf.txt','r',encoding='utf-8') as f:
    my_list=f.readlines()
    for i in my_list:
        print(i)
```

第 12 章

1. 略

2. 子进程可以通过 Process 创建；如果需要创建的子进程数量太多，那么就需要使用进程池来解决这一问题。

3. 略

4. Python 的标准库提供了两个模块，分别是 _thread 和 threading。_thread 是低级模块，threading 是高级模块，对 _thread 进行封装，但大多数情况下，我们使用 threading 这个高级模块。

5. 同步是指两个以上线程基于某个条件来协调它们的活动，通信是指线程之间如何交换消息。

在 Python 中，实现同步最简单的方法是使用锁机制，实现通信最简单的方法是 Event。

6.（1）易于调度。

（2）提高并发性。通过线程可方便有效地实现并发性，进程可以创建多个线程来执行同一程序的不同部分。

（3）开销少。创建线程比创建进程要快，开销更少。

（4）利于充分发挥多处理器的功能。通过创建多线程进程（即一个进程具有两个或更多个线程），每个线程在一个处理器上运行，从而实现应用程序的并发性，使每个处理器都得到充分运行。

7.（1）新建（NEW）：新建一个线程对象。

（2）可运行（RUNNABLE）：线程对象创建后，其他线程（如 main 线程）调用了该对象的 start() 方法。该状态的线程位于可运行的线程池中，等待被线程调度选中，获取 CPU 的使用权。

（3）运行（RUNNING）：可运行状态的线程获得了 CPU 的时间片（timeslice），执行程序代码。

（4）阻塞（BLOCKED）：线程因为某种原因放弃了 CPU 的使用权，即让出了 CPU 的时间片，暂时停止运行，直到线程进入可运行状态，才有机会再次获得 CPU 的时间片，转到运行状态。

（5）死亡（DEAD）：线程 run()、main() 方法执行结束，或者因异常退出了 run() 方法，则该线程结束生命周期。死亡的线程不可复生。

第 13 章

选择题

1.C   2.B   3.A   4.B   5.B   6.A   7.B   8.A

程序题

1.

```python
def prt(n):
    if n>=1:
        prt(n-1)
        print(n)
```

2.

```python
def recursive_multiply(x, y):
    #如果 y 等于1，则直接返回 x
    if y == 1:
        return x
    #否则，递归调用函数，返回x+recursive_multiply(x, y-1)
    else:
        return x + recursive_multiply(x, y-1)

x=int(input("请输入x:"))
y=int(input("请输入y:"))
print("{0}*{1}={2}".format(x,y,recursive_multiply(x,y)))
```

3.

```python
def show_star(n):
    if n>0:
        show_star(n-1)
        print("*"*n)
```

4.

```python
def find_max(numbers):
    #如果列表为空，则返回0
    if not numbers:
        return 0
    #如果列表只有一个数字，则返回该数字
    if len(numbers)==1:
        return numbers[0]
    #如果列表有多个数字，则取出最大的数字
    return max(numbers[0], find_max(numbers[1:]))
```

5.
```
def sum_list(numbers):
    #如果列表为空，则返回0
    if not numbers:
        return 0
    #如果列表只有一个数字，则返回该数字
    if len(numbers ==1:
        return numbers[0]
    #如果列表有多个数字，则计算和
    return numbers[0] + sum_list(numbers[1:])

#调用函数
print(sum_list([1, 2, 3, 4, 5]))  #输出15
print(sum_list([5, 4, 3, 2, 1]))  #输出15
print(sum_list([1, 3, 5, 2, 4]))  #输出15
print(sum_list([]))    #输出0
print(sum_list([1]))  #输出1
```

6.
```
def sum_range(n):
    #如果n为1，则返回1
    if n==1:
        return 1
    #如果n大于1，则计算从1到n的和
    return n+sum_range(n-1)

#调用函数
print(sum_range(5))   #输出15
print(sum_range(10))  #输出55
print(sum_range(1))   #输出1
```

7.
```
def power(a,b):
    if b==1:
        return a
    elif b>1:
        return a*power(a,b-1）
```